Jacob Boltons Geschichte der Merkwürdigsten Pilze.

Aus dem Englischen mit Anmerkungen
von
Carl Ludwig Willdenow.

IV. Theil, Anhang und Nachträge.
Mit 44 illuminirten Kupfern.
Fortgesetzt und mit einer Einleitung und einer erklärenden Übersicht sämmtlicher Tafeln versehen
von
Dr. Ch. G. Nees von Esenbeck
und
Dr. Th. Fr. Ludw. Nees von Esenbeck.

Berlin,
Bey G. Reimer.
1820.

Die Pilzkunde

nach Linne.

Statt einer Vorrede.

In der Vorrede zu der Uebersetzung des dritten Theils dieses Werks, welche im Jahr 1799 erschien, erklärte der seelige Willdenow, »daſs er am Schlusse des Ganzen die »von Bolton abgehandelten Pilze nach den »von ihm selbst entworfenen Gattungen clas»sificiren und zuletzt ein vollständiges syste»matisches Verzeichniss mit genauer Syno»nymie und Berichtigung einiger Citate ge»ben wolle.«

Indem wir nun mit gerührtem Herzen in die Fuſsstapfen des würdigen Mannes treten, der, zu früh der Welt entrissen, seine rühmlich begonnene Arbeit an diesem Werke unvollendet lassen musste, bleibt uns die Aufgabe, die er sich selbst gab, mit dem Bewusstseyn grosser Schwierigkeiten, welche die Zeit und der gegenwärtige Stand der Pilzkunde um uns angehäuft haben, übrig, und zwingt uns, einen Blick zurück zu werfen auf den Gang, welchen die Kenntniſs des Pilzreichs inzwischen genommen hat.

Die beschreibende Naturkunde hat naturgemäss die Richtung vom Aeusseren aufs Innere; sie sammelt zuerst die gröbere Masse der am meisten in die Augen fallenden Gegenstände, steigt von dem Grösseren, Höheren und Gewaltigeren immer tiefer zum Kleineren, das sich suchen lässt, herab, und wie wir bei dem Eintritt in jede Gegend zuerst die Züge der Wälder und die Baumpflanzungen um Dörfer und Städte erblicken, dann die Saatfelder und andere Parthieen des Landbaus, in denen niedere und unscheinbarere Gewächse durch Zahl und Zusammendrängung Einfluss und Bedeutung für das Ganze erhalten, unterscheiden, endlich, nachdem wir den Ueberblick gewonnen, näher an das Besondere herankommend, zur Wahrnehmung und Betrachtung des Einzelnen gelangen, — so fasst auch die Naturgeschichte ihre Gegenstände bei ihrem Fortschreiten in immer kleineren und schärfer bestimmten Gruppen auf. Anfangs herrscht das Bedürfniss der einfachsten und leichtesten Umgränzung; man greift nach äusseren Merkmalen und wählt diese bloss für den Zweck der Unterscheidung; —

die Wahl erscheint daher eben so willkührlich, als das gewählte Merkmal zufällig. Wo aber die Betrachtung sich steigert, sey's nun aus innerer Lust oder aus äusserem Bedürfniss, da geräth sie sehr bald, indem sie vom Bekannten auf das Unbekannte fortschreitet und die sich darbietenden Massen der Naturgegenstände immer weiter zerlegt, endlich auf jene Atome der Schöpfung, in denen das einfachste Element höherer Bildung einen eigenen Bestand und eine gewisse individuelle Selbstheit gewonnen zu haben scheint; — wir meynen die krystallinischen Formen der Fossilien, die sogenannten kryptogomischen Gewächse und die Würmer und Infusorien des tiefsten Thierreichs. Um nur beim Pflanzenreiche stehen zu bleiben, so ist es nicht anders, als wolle uns hier die Natur mit einer künstlich angelegten Lockung zum Ziel tieferer Betrachtung hinführen. Bey den Farren treten noch bedeutende Laubmassen in mancherley zierlichen und zusammengesetzten Formen dem Aug entgegen; aber alle diese Gestalten fallen in einen einzigen dunklen Begriff zusammen, so lange wir nicht auf die hieroglyphischen Striche und Punkte achten lernen, womit ihre sehr kleinen Fruchttheile durch abgegrenzte Zusammenhäufung die Unterfläche des Laubs bezeichnen. Man kann sich mit den blossen Umrissen dieser Körnermassen begnügen und darnach Gattungen bestimmen; aber es liegt etwas Geheimnissvolles in diesen Fruchthäufchen, und will man sich Rechenschaft geben von dem, worauf man hier baut, so muss man endlich das Vergrösserungsglas zu Hülfe nehmen.

Eine Stufe tiefer, — bey den Lebermoosen und endlich bey den Laubmoosen, — bedarf man schon zur deutlichen Unterscheidung aller Theile, ja wohl des ganzen Gewächses, einer genauen und sorgfältigen Betrachtung durch vergrössernde Gläser. — Ohne Vergrösserung sind schon viele Flechten nur ein unbestimmter Schorf, und die zärtesten Wasseralgen kann selbst ein scharfes und geübtes Aug nicht mehr unterscheiden.

Dasselbe gilt von den Pilzen. Zwar begegnen uns im Herbste noch zahlreiche und ansehnliche Gestalten von Hutschwämmen, die sich nach äusseren Formen unterscheiden und in Gruppen zusammenstellen lassen, aber diese verlaufen unmerklich in die kleinsten Formen und grenzen wieder an andere mikroskopische Gebilde, die allmählich, wie sich das Aug an die Unterscheidung des Kleineren gewöhnt und der Reiz zahlreicher neuer Entdeckungen wächst, mit in den Kreis des Pilzreichs gezogen werden, bis wir zuletzt an der einfachsten organischen Form nakter Sporidien oder blasenförmiger Kügelchen, mit oder ohne körnigen Inhalt, bey der Gattung des Brandes, — bey den Schimmeln u. s. w., still stehen.

Wie nun Linne zuerst aus der bloss äusserlich gruppirenden Pflanzenkunde die Aufmerksamkeit auf das Geheimnissvolle und Verschlossene des Pflanzenbaus, auf die zarten oft so kleinen Geschlechtstheile, und auf die elementarischen Formen der Fruchtknoten und ihrer Keimbläschen hinlenkte und dadurch der Stifter einer ganz neuen, auf das Innere und Wesentliche des Pflanzenlebens gerichteten Botanik wurde, so blieb er dagegen, was die tieferen (kryptogamischen) Ordnungen anbelangt, ganz auf dem Standpunkte des rein äusserlichen und zufälligen Zusammenfassens stehen, oder er eröffnete vielmehr denselbeu erst, — was besonders die Moose, Flechten, Algen und Pilze anbelangt, — indem er die hierher gehörigen Gewächse unter äussere, allgemeine Merkmale sammelte. Die Materialien seines Baus reichten noch nicht bis an die freye Darstellung dessen, was für diese Ordnung dieselbe Bedeutung hat, welche sich ihm in der Blüthe der höheren Pflanzenklassen eröffnete. Ausser Micheli, der um 1729 mehrere kleine Pilze zwar fleissig, aber theils befangen, theils unvollständig, untersuchte und darstellte, waren nur grössere, wie es schien einförmig gebildete, Schwämme in hinlänglicher Menge unterschieden, beschrieben und abgebildet worden, und in dieser Richtung gieng das Studium von Schaeffer an noch nach Linne auf unsern Bolton, auf Bulliard, Batsch, Hoffmann und Sowerby über. — Bolton giebt (erster Band Seite 3) die einfachen Gattungs-Charaktere, wie er sie von Linne empfangen hatte, und erläutert im vierten Bande (Seite 8. u. f.) die Gattungen, welche Bulliard bey schon weiter vorgerücktem Stndium des Pilzbaus aufzustellen für gut fand. Gewiss haben die lebhafteren Farben nnd relativ grösseren Formen, die in diesen Werken ans Licht gezogen wurden, noch viel dazu beygetragen, daſs die durch schöne Kupferwerke genährte und unterhaltene Einbildungskraft dieses so abgesteckte Gebiet schnell bis auf einen gewissen Grad erschöpfte und sich nun unvermerkt den kleineren Anfangspunkten des Pilzreichs zu nähern anfieng. Es gewährt eine lehrreiche Unterhaltung, den Gang der wissenschaftlichen Darstellung dieses Zweigs der Botanik vom Jahr 1788 an, wo Roth sein *Tentamen Florae Germanicae* herausgab, und sich dabey in Vielem auf Willdenows kurz vorher erschienenen *Prodromus Florae Berolinensis* stützte, in Gedanken weiter bis auf unsere Zeit zu verfolgen. Ohne alle Unterabtheilung reihen sich 27, von Roth aufgeführte, Gattungen folgendergestalt aneinander:

AGARICUS. *Pileus subtus lamellosus;* mit 65 Arten.

MERULIUS. *Fungus subtus venosus;* mit 5 Arten.

BOLETUS. *Fungus subtus porosus;* mit 20 Arten.

THELEPHORA. *Fungus subtus papillaceus;* mit 3 Arten.

HYDNUM. *Fungus subtus echinatus;* mit 7 Arten.

PHALLUS. *Fungus subtus laevis, supra cellulosus;* mit 2 Arten.

HELVELLA. *Fungus turbinatus, plicatus, rugosus;* mit 2 Arten.

CYATHUS. *Fungus cyathiformis, intus lentiformes capsulas gerens;* mit 3 Arten.

PORONIA. *Fungus patellaeformis, in superficie externa semina eiaculans;* eine Art. (*Peziza Poronia Pers*).

PEZIZA. *Fungus saepius concavas. Fructificationes non observabiles;* mit 14 Arten.

PATELLA. *Fungus carnosus, sessilis, planiusculus, superne glaber.* (Nach Wiggers *Primitiae Flor. Holsat*), mit 4 Arten.

CLAVARIA. *Fungus glaber, clavatus, aut ramosus. Fructificationes non observabiles;* mit 15 Arten.

PUCCINIA. *Fungus cylindricus, seminibus caudatis farctus;* (nach Willdenow); eine Art.

STEMONITIS. *Fungus corticatus, tomento pollinifero elastice prosiliente repletus;* mit 10 Arten.

CLATHRUS. *Fungus cancellatus;* eine Art.

LYCOPERDON. *Fungus seminibus filo instructis totus repletus;* 20 Arten.

TUBER. *Fungus succo pulposo repletus;* eine Art.

CARPOBOLUS. *Fungus capsulam globosam eiaculans;* eine Art.

NAEMASPHORA. *Fungus semina filo instructa ore emittens;* eine Art.

SPHAERIA. *Fungus sphaericus, seminibus ecaudatis farctus, per poros in superficie sparsos saepius emittens;* 10 Arten.

TREMELLA. *Corpus gelatinosum, partibus fructificantibus in illo latitantibus;* 16 Arten.

HYDROGERA. *Capsula humido aquoso repleta, pileo hemisphaerico tecta;* 2 Arten.

EMBOLUS. *Substantia cellulosa, pulverifera, nullo cortice tecta;* eine Art.

MUCOR. *Substantia mollis in pulverem capitulo inclusum fatiscens;* 10 Arten.

MONILIA. *Granula minuta, substantiae filamentosae affixa;* 4 Arten.

MUCILAGO. *Substantia cellulosa aut filamentosa, aquosa, absque granulis et capitulis;* 4 Arten.

FULIGO. *Substantia mollis, butyracea, in atrum et fuliginosum pulverem dilabens;* eine Art.

Anmerkung. Die meisten dieser früheren Gattungen sind in das System bleibend mit übergegangen. Die Gattung *Patella* ist mit *Peziza* zusammengeflossen. *Stemonitis* begreift die meisten kleineren Balgpilze, mit Ausschluss der Gattung *Stemonitis Pers.*, welche hier *Embolus* heisst. *Clathrus* ist hier *Cribraria Schrad.* oder eine *Trichia* *Lycoperdon* umfasst alle Hautpilze, dann Aecidien, Sphärien, Trichien u. m. A. *Carpobolus* Willd. ist *Sphaerobolus Pers.* *Naemasphora* Willd. u. *Puccinia* Willd. (letztere ganz von der Persoonschen Gattung verschieden), sind noch dunkel. *Tremella* ist sehr vielgestaltig; *Hydrogera Wigg.* ist *Pilobolus Pers.* — *Mucilago* beruht auf den Formen von *Byssus*, *Himantia* u. dgl. *Fuligo* ist *Aethalium Link*, *Fuligo Pers.*

Ein flüchtiger Blick auf diese Gattungseintheilung zeigt das Bedürfniss relativer Einheiten noch immer als Prinzip der Zusammenstellung; das rein Aeusserliche herrscht und die Bedeutung der Theile, die hauptsächlich zum Gattungscharakter benutzt werden, liegt im Schatten, oder wird nach angenommenen Analogien, ohne Kenntniss des wahren Wesens der Theile, bestimmt.

Dennoch sind es schon grösstentheils die, auf welchen das Wesentliche dieser Organisationen beruht; denn im Pflanzenreiche werden wir durch die Aeusserung der bildenden Kraft zu Principien geführt, weil diese, wo sie die Höhe einer gewissen Stufe erreicht, die grösste Mannigfaltigkeit der Formen in dem engsten Raume vereinigt.

Da man schon eine grosse Menge von Pilzen aus den verschiedensten Ordnungen kannte und darunter hauptsächlich viele zu der Gattung *Sphaeria* gehörige Formen, — mikroskopische Wesen, die bey einer regelmässigen Abgeschlossenheit des Baus, zahlreiche feine Abstufungen der Gestalt zeigen, fast auf jedem erstorbenen Reise vorkommen und dem einmal geöffneten Blick eine unübersehbare Reihe neuer und ganz nahe liegender Entdeckungen versprechen, so war damit die ganze atomistische Sphäre des Pilzreichs zugänglich geworden, und Heinrich Julius Tode konnte, als er in den Jahren 1790 und 1791 die beiden Hefte seiner *Fungi Mecklenburgenses selecti* herausgab, und in scharf bezeichneten, zuweilen mehr sinnbildlich wahren als treucopirten Bildern viele kleine Pilzgattungen, die Früchte fünf- und zwanzigjähriger Beobachtung, zu erläutern anfieng, diese Gattungen nach einem einzigen, karpologisch zu nennenden Princip ordnen. Er stellte sie nemlich folgendermaassen zusammen:

Semina fungorum sunt

I. vel nuda -- conspicua

1) in superficie integra fungi, *Spermodermia*,

2) in parte superficiei — scil. eius

a) margine, *Mesenterica*,

b) apice, *Acrospermum*,

c) capitulo integro,

α) glabro,

*) solido, *Stilbum*,

**) concavo, *Ascophora*,

β) hirsuto, *Medusula*,

d) pilei superficie

α) superna, *Tubercularia*,

β) inferna, *Helotium*.

II. vel tecta — (ante tempus fructescentiae)

1) volua

a) fugaci disrumpenda, *Tympanis*, *Myrothecium*, *Volutella*,

b) persistente, findenda, *Hysterium*,

2) cortice fatiscente, *Vermicularia*,

3) substantia fungi

a) sessilis, *Sclerotium*, *Pyrenium*, *Xylostroma*,

b) stipitati, *Chordostylum*,

4) Vasculo peculiari seminifero, —

a) solido, *Pilobolus*, *Thelebolus*,

b) vesiculari, *Sphaerobolus*, *Atractobolus*.

Jetzt erst schien die Pilzkunde ihrem Linne entgegengereift zu seyn, und C. H. Persoon wird diesen Namen mit Recht durch alle Zeiten tragen, so lange man Pilze betrachten wird. Gleich jenem Muster hielt er den Zweck der Anordnung, Eintheilung und Unterscheidung der Pilzkörper fest, befruchtete den Boden, den ihm die Kupferwerke von Micheli, Batarra, Schäffer, Bolton, Holmskiold und Bulliard bereiteten, mit Todes tiefen Blicken in das Innere der kleineren Formen, deren Wiederkehren ihm auch in den grösseren Gebilden dieses Reichs einzuleuchten anfieng, bereicherte die Pilzkunde mit vielen sehr genauen Entdeckungen mikroskopischer Arten, – wusste, was Schrader auf diesem Gebiete, sowohl in dem *Spicilegio Florae Germ.* Hannov. 1794 als in seinen schönen Heften: *Nova Genera plantarum, Lipsiae* 1797, Treffliches leistete, meisterhaft zu benutzen und konnte solchergestalt schon um das Jahr 1795 sein *Tentamen dispositionis methodicae Fungorum in Classes Ordines Genera et Familias* in das neue botanische Magazin von Römer ausarbeiten, welche Schrift er im Jahr 1797, mit einem Supplement bereichert, zu Leipzig abgesondert herausgab.

Wir finden in dieser Schrift, gerade wie in dem Linne'schen Sexualsystem, ein unbedingt angenommenes Prinzip, — das der Fructification nach der Analogie der höheren Pflanzen, doch ohne ängstliche Prüfung der Art und Weise, wie sie vollbracht werde, — was auch für den Zweck der Classification unnöthig war. Das, wie es scheinen könnte, willkührlich übertragene Prinzip wird aber, — wie bey Linne die Rücksicht auf die Geschlechtstheile der Blüthe, — durch einen sicheren Blick auf die zunächstliegenden natürlichen Familiengruppen geleitet, und wenn es so scheinbar von der reinen Consequenz abgelenkt wird, so gewinnen doch vorzüglich dadurch die nachfolgenden Forschungen der Schüler Persoon's erst für diese wie für die Wissenschaft selbst ihr volles Interesse.

Das Daseyn einer Fructification in allen Pilzen vorausgesetzt, zerfallen die Pilze nach der Stelle, wo sich die Saamen befinden, in zwey Hauptklassen: *Angiothecium* mit eingeschlossnen, — und *Gymnothecium* mit offen liegenden Saamen. Die erste Classe hat 3 Ordnungen:

1) *Sclerocarpum:* die Hülle ist hart und enthält eine gallertartige Masse; Gattungen sind: *Sphaeria*, *Xyloma*, *Hysterium* Tode;

2) *Dermatocarpum:* die Hülle häutig, enthält staubartige Saamen. Zwey Unterordnungen werden durch das Haargewebe, *Capillitium Pers.*, bestimmt, das bey

einigen die Saamen durchzieht, bey anderen fehlt; zu jenen gehören: *Geastrum*, *Bovista*, *Tulostoma*, *Lycoperdon*, *Hypogaeum*, *Lycogala*, *Spumaria*, *Physarum*, *Diderma*, *Trichia*, *Arcyria*, *Stemonitis*, *Cribraria*, – zu den letzteren aber: *Tubulina*, *Pyrenium* Tode, *Trichoderma*, *Aecidium*, *Uredo*, *Stilbospora*, *Mucor*, *Hydrophora* Tode und *Mucedo*.

3) *Sarcocarpum*: der ganze Pilz ist eine solide, fleischige Masse; hieher *Tuber* und *Sclerotium* Tode.

Die zweyte Classe hat vier Ordnungen:

4) *Sarcothecium*: ein Behältnifs trägt freye, solide Bläschen oder Kugeln, – *Pilobolus* Tode, *Thelebolus* Tode, *Sphaerobolus* Tode, *Cyathus* Haller.

5) *Lytothecium*: Saamenschläuche, *Thecae*, d. i. mikroskopische Säcke, die Körner enthalten, überziehen einen verschieden gebildeten Träger in Form eines Schleims: *Tympanis* Tode, *Calycium*, *Volutella* Tode, *Myrothecium* Tode, *Tubercularia* Tode, *Phallus*, *Clathrus*.

6) *Hymenothecium*: die Saamenschläuche überziehen in Form einer Haut, *Hymenium*, die Fläche des Trägers, entweder nur an gewis-

sen Stellen und in bestimmter Form, oder auch ganz:

a) in Blattform: *Coprinus*, *Lactarius*, *Russula*, *Amanita*, *Agaricus*, *Cantharellus*, *Merulius*;

b) in Röhrenform: *Boletus*, *Systotrema*, *Poria*, *Fistulina*;

c) in Stachelform: *Hydnum*, *Hericium*;

d) in Warzenform: *Stereum*, *Corticium*, *Tremella*;

e) ganz eben: *Helotium*, *Craterella*, *Peziza*, *Ascobolus*, *Solenia*, *Morchella*, *Helvella*, *Leotia*, *Spathularia*, *Mitrula*, *Geoglossum*, *Clavaria*, *Puccinia*, *Ascophora* Tode, *Stilbum* Tode;

7) *Nematothecium*: ein fadenförmiger Träger,- *Botrytis*, *Monilia*, *Aspergillus*, *Torula*, *Isaria*, *Dematium*, *Himantia*, *Mesenterica* Tode, *Erineum*, *Racodium*, *Byssus*.

Von diesen Ordnungen sind einige natürlich zu nennen, wie die drey der ersten Klasse, — die 4 ersten Unterabtheilungen der sechsten und die ganze siebente Ordnung; nur einzelne Gattungen mischen sich durch unrichtige Ansichten an entlegnen Stellen ein; — die vierte und fünfte Ordnung aber, so wie die fünfte Unterordnung der sechsten Ordnung, sind künstlich und verhalten sich zu den vorhergenannten, wie sich Linne's erste, künstliche Klassen zu den natürlichen Familien, die er durch seine *Didynamia*, *Tetradynamia* u. s. w. darzustellen suchte, verhalten.

Wie erschöpfend für den gewählten Standpunkt diese Grundeintheilung seyn mufste, beweisst uns die *Synopsis methodica Fungorum*, die vier Jahre später (Göttingen 1801), als die Frucht einer durchgreifenden, mit dem rühmlichsten Fleisse und einem bewundernswerthen Scharfblick unternommenen Anwendung derselben auf die ganze Masse der bis dahin bekannt gewordenen Pilze, erschien. Wenige Paragraphen erläutern die leicht verständliche Kunstsprache, und die ihnen folgende, systematische Uebersicht des Systems ruht noch fest auf der Grundlage der früheren *Dispositio methodica.*

Die beyden Classen — *Angioarpi* nnd *Gymnocarpi* — entsprechen dem, was dort *Angiothecium* und *Gymnothecium* hiess. Die drey Ordnungen der ersten Classe bleiben, aber die dritte wird die zweyte und die zweyte die dritte. In der ersten Ordnung wird nach *Nemaspora* die Gattung *Vermicularia* Tode aufgenommen, die näher bey *Sphaeria* steht, oder vielmehr damit verbunden werden mufs.

Die zweyte Classe behält nur noch drey Ordnungen, nemlich *Lytothecii*, — mit den Gattungen *Clathrus* und *Phallus*, — *Hymenothecii* nach der *Dispositio methodica*, und *Nematothecii*, in demselben Sinne. Die Ordnung *Sarcothecium* der *Dispositio methodica* giebt die Gattungen *Pilobolus*, *Thelebolus* und *Sphaerobolus* an die zweyte Ordnung der *Sarcocarpii*, — die Gattung *Cyathus* aber an die dritte Ordnung, *Dermatocarpii*, ab und löst sich dadurch auf. Aus der Ordnung *Lytothecium* werden *Tympanis* Tode, *Calycium* und *Volutella* Tode und *Myrothecium* Tode ganz übergangen, *Tubercularia* aber in die erste Ordnung, *Sclerocarpi*, nach *Nemaspora* versetzt, welche Gattung hier neu hinzukommt, ausserdem noch *Stilbospora* aus der Ordnung *Dermatocarpi* der *Dispositio methodica*, wo sie weit zweckmässiger neben *Uredo* stand. Wir erblicken aber eben darin ein Zeichen der immer fortschreitenden Berücksichtigung des inneren Baus, wobey die Aehnlichkeit der nakten Sporidien von *Stilbospora* mit den Schlauchkörnern von *Sphaeria* auffiel, die Uebereinstimmung desselben Baus in zahlreichen anderen Gattungen aber noch nicht hinlänglich erkannt war. Zu der dritten Ordnung, *Dermatocarpi*, kamen noch die Gattungen *Batarrea*, *Scleroderma*, *Fuligo*, *Licea*, *Onygena* und *Conoplea* hinzu, *Puccinia* wurde aus der Reihe der keulenförmigen Schwämme der sechsten Ordnung passender neben *Uredo* gebracht, dagegen schmolzen die Gattungen *Hypogaeum* mit *Lycoperdon*, *Hydrophora* Tode mit *Mucor* zusammen und die Gattungen *Mucedo* und *Pyrenium* Tode verschwanden. In der sechsten Ordnung, *Hymenothecii*, wurden die eigentlichen Blätterpilze wieder in die kleinere Gattung *Amanita* und in die grössere, *Agaricus*, gesondert, letztere aber in die sehr charakteristischen Unterabtheilungen *Lepiota*, *Cortinaria*, *Gymnopus*, *Mycena*, *Omphalia*, *Pleuropus* *Coprinus*, *Pratella*, *Lactifluus* und *Russula* geschieden. Die Gattung *Cantharellus* kam mit den umgekehrten, kriechenden Formen von *Serpula* und dem keulenförmigen *Gomphus* unter *Merulius*. Die Reihe der Löcherpilze wurde mit der Gattung *Daedalea* vermehrt; — *Fistulina* und *Poria* kamen, mit der neuen Unterordnung *Polyporus*, zu *Boletus*, *Systotrema* wurde in die dritte Reihe (c) unter die Stachelpilze versetzt und erhielt eine Unterordung umgekehrter Formen, *Xylodon*. Eine ähnliche Formenreihe, — *Odontium*, — und die frühere Gattung *Hericium* wurden Unterordnungen von *Hydnum*. In der vierten Reihe (*d* Warzenschwämme) werden der neu gebildeten Gattung *Thelephora* die früheren Gattungen *Stereum* und *Corticium* untergeordnet und die trichterförmigen Warzenschwämme als eine dritte Ordnung, — *Craterella*, — hinzugethan. An die Stelle der Tremellen tritt die neue Gattung *Merisma*. Die Gruppe der ebenen Schwämme wird in zwey Reihen gespalten, nemlich:

e, 1) die keulenförmigen; mit *Clavaria*, — aus den Unterabtheilungen *Ramaria*, *Clavaria* und *Typhula* Tode bestehend, — und *Geoglossum*;

e, 2) die Helvelloideen mit mützenförmigem Kopfe, wohin alle übrigen gerechnet werden.

Unter *Peziza* wird *Solenia* und eine neue Unterordnung, *Stictis*, gebracht. *Tremella* ist hier einzuschalten, — *Helotium* und *Aegerita* kommen neu hinzu.

Die sechste Ordnung endlich, *Nematothecium*, erhält aus der ebengenannten Reihe die Gattung *Ascophora*; — *Periconia* und *Rhizomorpha* kommen neu hinzu, *Monilia* begreift *Aspergillus* und *Torula* unter sich. Solchergestalt hat nun die Ordnung der Hutschwämme, *Hymenothecii*, eine sehr naturgemässe Form gewonnen.

Die Balgpilze, *Dermatocarpii*, bilden gleichfalls eine wohlgerundete Gruppe, aber die Schimmel-Gattungen *Mucor* und *Trichoderma*. desgleichen die Brandformen, *Aecidium*, *Uredo* und *Puccinia*, bleiben noch damit verbunden und zeigen so, wie die ganze sechste Ordnung der Fadenpilze, den Mangel einer mit mikroskopischer Genauigkeit angestellten Untersuchung und Verfolgung der Elementarpilzformen. —

Von diesem Zeitpunkte an sieht man aber die specielle Pilzkunde, auf Persoons methodische Anordnung fussend, schnell an Ausbreitung und an allgemeiner Theilnahme wachsen und täglich durch neue Entdeckungen mehr in die Tiefe dringen.

Während in Deutschland und in den benachbarten nordischen Reichen einige Floristen, vorzüglich Rebentisch in seiner *Flora Neomarchica*, Berlin 1804, — Albertini und Schweinitz in dem reichhaltigen *Conspectus Fungorum in Agro Nieskiensi crescentium*, *Lipsiae* 1805, — ganz neuerlich aber Fries in den beyden Bänden seiner *Observationes mycologicae*, *Havniae* 1815 und 1818, die einen Schatz kritischer und vergleichender Bemerkungen enthalten, sich an Persoons Vorgang innig anschlossen und sich höchstens mit der

Aufstellung einiger neuen Gattungen nach den Principien seiner Methode, d. h. die Bequemlichkeit des Auffindens der mühsamen Verfolgung der wesentlichen und oft im Innern versteckten Bildungsverhältnisse vorziehend, begnügten, hat Persoon bey einem langen Aufenthalte in Paris mit unermüdlichem Fleisse an der weitern Ausbildung seines Systems gearbeitet, und der grössere Ideenreichthum, der durch die früher in Frankreich einheimisch gewordene natürliche Methode sich auf alle übrigen Zweige der Botanik auszubreiten anfängt, musste sich um so mehr auch in Persoons mykologischen Studien abspiegeln, jemehr seine Behandlung dieses Naturgebiets schon ursprünglich auf eine mehr universelle Ansicht hinwies. Wir erhalten die allgemeinsten Umrisse natürlicher Pilz-Familien, in dem Sinne der jetzigen französischen Botanik, d. i. auf reine Vergleichung gestützt, in der Einleitung zu dem vor kurzem erschienenen *Traité sur les champignons commestibles, par Ch. Persoon, Paris* 1819, und wollen diese Familien, wie sie sich zum Theil vorzüglich auf *Decandolles* Vorgang stützen, hier kurz zusammenfassen.

Fam. 1. BYSSI, (*Trichomyci,—Nematothecii Syn. Fung.*)

Fam. 2. FUNGI, (*Hymenomyci, — Hyme-*

nothecii Syn. Fung.), mit den Unterabtheilungen der *Syn. Fung*, in umgekehrter Folge:

a) HELVELLOIDEI, die *Clavariae* mit eingeschlossen

b) THELEPHOREI,

c) HYDNOIDEI,

d) BOLETOIDEI,

e) CANTHARELLOIDEI,

f) AGARICOIDEI.

Fam. 3. PHAENOMYCI, mit nackten Fructificationstheilen:

a) VOLVACEI *vel Phalloidei*,

b) CARPOBOLI *vel Sarcospermi*, — nemlich die Gattungen *Cyathus* oder *Nidularia*, *Sphaerobolus*, *Thelebolus* und *Pilobolus*,

c) die Gattungen *Myrothecium* Tode, *Tubercularia*, *Fusidium* und *Atractium* Link. Uns scheint diese Familie wenig natürlich.

Fam. 4. LYCOPERDACEI, (*Coniomyci*, *Gastromyci*) — die *Dermatocarpi* der *Syn. Fung.* — mit 5 Unterabtheilungen:

a) LYCOPERDACEI,

b) TRICHIACEI,

c) MUCORINEI,

d) TRICHODERMACEI,

e) UREDINEI.

Fam. 5. — SCLEROMYCI:

a) TUBERACEI, die Gattungen *Tuber*, *Rhizoctomum*, *Erysiphe*, *Xyloglossum* und *Sclerotium*,

b) XYLOMA, — *Polystigma*, *Phacidium* und *Hysterium*.

Fam. 6. XYLOMYCI, — die Gattung *Sphaeria*, in 7 Unterabtheilungen.

Durch diese Familiengliederung scheint indessen kein wesentlicher Schritt zum Ziel geschehen zu seyn, da wir eine naturgemässe Verbindung von Gattungen nur bey denjenigen Familien erblicken, die wir schon in der früheren *Synopsis* eben so gut geordnet finden, in der dritten, vierten und fünften Familie aber noch immer sehr heterogene Gebilde nach einem willkührlich ergriffnen Momente beysammen stehen sehen.

Wir haben schon bey der Angabe der Familien-Abtheilung selbst mehrerer neuer dahin gebrachter Gattungen erwähnt, und fügen zu diesen hier einige allgemeine Bemerkungen hinzu. Unter die Byssusarten werden, als neue Gattungen, *Fumago*, *Athelia* und *Hypha* gebracht; — *Xylostroma* Tode ist aufgenommen; — *Isaria* zerfallt in *Isaria* und *Ceratium*, — ausserdem werden noch einige, von Link aufgestellte Gattungen angeführt. Die Gattung

Thelephora giebt die Gattungen *Phylacteria*, *Coniophora* und *Auricularia* ab; —

Die Unterordnungen der Röhrenschwämme (*Boletus*) werden Gattungen, — *Fistulina* ist *Hypodrys*,– *Polyporus* wird *Cladoporus*, – *Poria*, *Polyporus*.

Dasselbe gilt von *Merulius*, wo *Serpula*, — unter dem Namen *Xylomyzon*, — und *Gomphus* zu Gattungen werden; — *Daedalea* kommt hieher.

Unter den Lycoperdaceen geht die Gattung *Scleroderma*, nach Decandolle zum Theil in eine zweyte Gattung, *Polypera*, (*Pisocarpium* Link), über.

Bey den Trichodermaceen stehen neben einigen genuinen, von Link unterschiedenen Gattungen auch heterogene Gebilde, wie z. B. *Melanconium* Link.

So dienen denn diese Familien dazu, uns einen Beweis abzugeben, daſs die eingeschlagene Methode an gewissen Pilzformen, dergleichen die Schimmelarten, die Staubpilze, die *Xylomyci* sind, eine unübersteigliche Schrancke finde, und daſs hier eine vorgängige noch schärfere Sonderung nöthig sey.

Indem wir hier die Arbeiten Persoons bis auf die neueste Zeit verfolgt haben, wo wir einer zweyten, ganz umgearbeiteten Ausgabe der *Synopsis methodica fungorum* entgegen sehen dürfen, sind wir dem, was inzwischen in Deutschland auf dem Gebiete der Mykologie geschehen, schon vorausgeeilt, und müssen einige Schritte zurückkehren, um auf verschiedene hieher gehörige Arbeiten zu kommen.

Die Lust an genauen und angestrengten mikroskopischen Untersuchungen scheint unter uns Deutschen herrschend, und wir dürfen uns mancher schönen Frucht dieses Fleisses freuen, ohne uns gerade darauf allzuviel einzubilden. oder einen grossen Vorzug vor unseren Nachbarn darin zu sehen, damit nicht etwa diese uns erinnern, unser Verdienst könne vielleicht bloss auf dem Horizont beruhen und eine Nachwirkung der alten Reichseintheilung seyn.

Wie dem aber sey, — die weitere Verfolgung der, in einigen Pilzgattungen, wie bey *Sphaeria*, *Peziza* u. dgl., schon durch Hedwig so einleuchtend dargestellten Fructificationsform, die sich als kleine, durchsichtige Bläschen, sie seyen nun frey, oder in andere längliche Bläschen, *Thecae*, eingeschlossen, zeigt, — wurde hier am eifrigsten betrieben, und endlich durch das ganze Pilzreich so weit aufgedeckt, dafs nun erst eine durchgängige Verständigung über die früher in mehreren Fällen nur supponirte oder falsch aufgegriffene Fructification der Pilze, so wie über ihr Verhältniss zu der so einfachen flockigen Structur dieser Gewächse, möglich war, und, als organisch gegebenes Princip, einer Anordnung der Pilze zum Grund gelegt werden konnte.

Wie viel für diesen Zweck schon durch die Bearbeitung anderer, naheliegender Zweige des Gewächsreichs, besonders durch die Untersuchungen der Wasseralgen, welche Roth, Mohr und Weber, Trentepohl, Mertens und Vaucher anstellten, — dann durch die fortgesetzten fleissigen Zergliederungen der männlichen Blüthen der Moose in den Schriften von Hedwig, der nun in dem trefflichen Schwägrichen jugendlich fortlebt, vorbereitet und angeregt worden sey, kann hier nur im Vorübergehen berührt werden.

Von einer anderen Seite mag auch nicht übersehen werden, dafs die Idee einer vegetabilischen Metamorphose aus den allereinfachsten blasenförmigen Keimen durch Dehnung u. s. w., und die Vergleichung paralleler Stufen von verschiedener Entwicklungshöhe des Gewächsreichs mancherlei Betrachtungen über die untersten Klassen desselben und über die Principien einer naturgemässen Familieneintheilung dieser Naturkörper wecken halfen, wohin besonders Okens Versuche einer natürlichen Anordnung der Pflanzen in seinem Lehrbuche der Naturphilosophie und noch ausgeführter in dem neuen botanischen Gartenjournal von Dr. F. G. Dietrich, Bd, 1. Hft. 1. Eisenach 1813, gerechnet werden mögen. Oken theilt hier die kryptogamischen Gewächse, die er Wurzelpflanzen nennt — »(Wurzeln, auf denen »unmittelbar, ohne Dazwischentreten von »Stengel, Blatt oder Blume, der Saame sitzt)« nach den vier Elementen in

Irdpflanzen oder Flechten,
Wasserpflanzen oder Pilze,
Luftpflanzen oder Moose, und
Lichtpflanzen oder Farren.

Bey der Eintheilung der Pilzordnung in Zünfte aber folgte er Persoon. Die Pilze sind:

A. Hohlpilze, in zwey Haufen:

a) Hautpilze, *Dermatocarpi trichospermi*,

b) Lederpilze, *Sclerocarpi*, *Sarcocarpi*, *Dermatocarpi gymnospermi et sarcospermi*.

B. Dichtpilze, ebenfalls zwey Haufen:

a) Holzpilze, *Gymnocarpi*:

a) *Agaricoidei*,

b) *Boletoidei*,
c) *Hydnoidei*,
d) *Gymnodermata.*

b) Fleischpilze, *Gymnocarpi:*

a) *Clavaeformes*,
b) *Helvelloidei*,
c) *Lytothecii.*

Und diese Reihen stellen sich, nach dem Typus des ganzen Gebiets der Wurzelpflanzen, so:

die Hautpilze	sind Parallelen	der	Flechten,
- Lederpilze -	-	-	Pilze selbst,
- Fleischpilze	-	-	Moose,
- Holzpilze -	-	-	Farren.

Wir wollen uns hier nicht auf eine Prüfung des Princips der relativen Unterordnungen und Vergleichungen, des Aufgenommenen und Nichtaufgenommenen einlassen, sondern gehen an dem speculativen Versuch eines Pilzsystems vorüber zu einer auf Beobachtung gegründeten Anordnung dieser Gewächse, die sich zu der Persoonschen ungefähr zu verhalten scheint, wie Gärtners und Jüssieus Arbeiten zu dem, was von Linne bis auf ihre Zeit in das Leben übergegangen war; denn daſs mehr in Linnes Schriften liegt, ist uns nicht verborgen, und wir wollen darum auch durch die hier gemachte Vergleichung Persoons Verdienste nicht schmälern, sondern vielmehr würdigen.

Der Pilzkenner weiss, dass wir hiemit auf Link's *Observationes in Ordines plantarum naturales*, (Magazin der Gesellschaft naturforschender Freunde zu Berlin. 3. Jahrg. 1. Quartal und 7. Jahrg. 1 Quart. Berl. 1809 und 1815.) gekommen sind, und wir würden nicht nöthig haben, mehr darüber zu sagen, wenn nicht der Zweck einer Zusammenstellung der neueren Fortschritte der Pilzkunde eine grössere Ausführlichkeit forderte. Wir geben also die Anordnung der Pilze nach den in der zweyten der gedachten Abhandlungen (1815) von dem Hrn. Verfasser gemachten Veränderungen, und reihen die Gattungen bloss ihren Namen nach an, weil wir in der methodischen Aufzählung aller uns bis jetzt hinlänglich bekannt gewordenen Pilzgattungen auf das Neue, was wir auch hierin dem trefflichen Link verdanken, zurückkommen, und ihm, wie jedem anderen Entdecker, das Seine durch Beysetzung des Namens zuerkennen müssen.

CLASSIS I.

ANANDRAE.

Contextus non cellulosus aut cellulosus, anomalus, cellulis in series alternantes non digestis. *Sexus* masculinus *non declaratus*.

Ordo. I. ***Mucedines.***

Sporidia nuda libera, aut pedicello fulta, aut stromate instructa.

Series I. *Entophytae.* Sporidia libera aut pedicello affixa, stromate nullo aut tenuissimo sporidiis plane occultato.

A. Entophytae plantarum vivarum.

Gen. I. *Hypodermium*, (Caeoma, Berl. Mag. 3. p. 3.)

Subgen. I. Ustilago.

Subgen. 2. Uredo.

Subgen. 3. Uromyces.

Subgen. 4. Aecidium.

Subgen. 5. Peridermium.

Subgen. 6. Roestelia.

Gen. 2. *Puccinia.*

Gen. 3. *Phragmidium.*

B. Entophytae plantarum mortuarum.

Gen. 4. *Stilbospora.*

Gen. 5. *Fusidium.*

Series 2. *Conisporae.* Sporidia libera, extus pulvere conspersa.

Gen. 6. *Conisporium.*

Series 3. *Sphaerobases.* Stroma globosum aut capitatum, sporidiis tectum.

A. Sporidia instrata.

Gen. 7. *Tubercularia.*

Gen. 8. *Atractium.*
Gen. 9. *Dermosporium.*
Gen. 10. *Epicoccum.*

B. Sporidia innata.

Gen. 11. *Conoplea.*

Series 4. *Tremelloideae.* Stroma expansum, humidum tumescens et gelatinosum.

A. Sporidia inspersa.

Gen. 12. *Tremella.*
Gen. 13. *Encephalium.*

B. Sporidia innata.

Gen. 14. *Gymnosporangium.*

Series 5. *Byssoideae.* Thallus floccosus, floccis tubulosis plerumque septatis. Sporidia floccis inspersa, saepe ex articulis floccorum secedentibus exorta, rarius nulla.

Gen. 15. *Haplaria.*
Gen. 16. *Acladium.*
Gen. 17. *Sporotrichum.*
Subgen. 1. Lysisporium.
Subgen. 2. Alytosporium.
Gen. 18. *Chloridium.*
Gen. 19. *Botrytis.*
Gen. 20. *Stachylidium.*
Gen. 21. *Acremonium.*
Gen. 22. *Byssocladium.*
Gen. 23. *Aspergillus.*

Gen. 24. *Penicillium.*
Gen. 25. *Coremium.*
Gen. 26. *Collarium.*
Gen. 27. *Geotrichum.*
Gen. 28. *Trichothecium.*
Gen. 29. *Epochnium.*
Gen. 30. *Oidium.*
Gen. 31. *Cladosporium.*
Gen. 32. *Sepedonium.*
Gen. 33. *Mycogone.*
Gen. 34. *Aleurisma.*
Gen. 35. *Racodium.*
Gen. 36. *Ozonium.*
Gen. 37. *Helmisporium.*

Series 6. *Scutellatae.* Thallus floccosus, scutellas formans, quae excipiunt sporidia muco involuta.

Gen. 38. *Dacrydium.*

Series 7. *Membranaceae.* Stroma floccosum, in membranas ramulosas contextum.

Gen. 39. *Ceratium.*

Series 8. *Mycetodeae.* Stroma capitatum aut ramosum, e contextu vesiculoso -- floccoso, floccis insidentibus sporidiferis.

Gen. 40. *Cephalotrichum.*
Gen. 41. *Isaria.*

Series. 9. *Sporidiosae.* Thallus totus articulatus, articulis sporidia sistentibus.

Gen. 42. *Monilia.*

Gen. 43. *Torula.*

Gen. 44. *Sporidesmium.*

ORDO 2. GASTROMYCI.

Sporidia sporangio inclusa absque thecis.

Series 1. *Mucidi.* Sporangia floccis simplicibus tubulosis insidentia.

Gen. 45. *Mucor.*

Gen. 46. *Eurotium.*

Gen. 47. *Thamnidium.*

Gen. 48. *Ascophora.*

Gen. 49. *Pilobolus.*

Series 2. *Solidi.* Sporangia fugacia, stipite solido firmo.

Gen. 50. *Stilbum.*

Series 3. *Amphispori.* Sporangia persistentia, sporidiis variis repleta.

Gen. 51. *Amphisporium.*

Series 4. *Floccosi.* Thallus floccosus, peridium sistens.

Gen. 52. *Trichoderma.*

Gen. 53. *Myrothecium.*

Series 5. *Mycetodei.* Firmi, nec stipite, nec sporangio fugacibus, sporangio simplici.

Gen. 54. *Spumaria.*
Gen. 55. *Aethalium.*
Gen. 56. *Pittocarpium.*
Gen. 57. *Lignydium.*
Gen. 58. *Strongylium.*
Gen. 59. *Dermodium.*
Gen. 60. *Lycogala.*
Gen. 61. *Licea.*
Gen. 62. *Didymium.*
Gen. 63. *Physarum.*
Gen. 64. *Trichia.*
Gen. 65. *Stemonitis.*
Gen. 66. *Arcyria.*
Gen. 67. *Dictydium.*
Gen. 68. *Cribraria.*
Gen. 69. *Craterium.*
Gen. 70. *Calicium.*
Gen. 71. *Onygena.*
Gen. 72. *Tulostoma.*
Gen. 73. *Lycoperdon.*
Gen. 74. *Scleroderma.*
Gen. 75. *Diploderma.*
Gen. 76. *Bovista.*
Gen. 77. *Geastrum.*
Gen. 78. *Sterebeckia.*
Gen. 79. *Sphaerobolus.*
Gen. 80. *Asterophora.*

Series 6. *Compositi.* Firmi, sporangio composito.

Gen. 81. *Pisocarpium.*
Gen. 82. *Tuber.*
Gen. 83. *Polyangium.*
Gen. 84. *Endogone.*
Gen. 85. *Nidularia.*

Series 7. *Rhantispori.* Firmi, sporangio simplici, sporidiis intra laticem contentis.

Gen. 86. *Phallus.*
Gen. 87. *Clathrus.*

Series 8. *Solidi.* Firmi, sporangio intus grumoso aut solido, sporidiis non declaratis.

Gen. 88. *Aegerita.*
Gen. 89. *Sclerotium.*

ORDO 3. FUNGI.

Sporidia in thecas superficiales disposita.

Series 1.

Gen. 90. *Amanita.*
Gen. 91. *Agaricus.*
Gen. 92. *Russula.*
Gen. 93. *Coprinus.*
Gen. 94. *Merulius.*
Gen. 95. *Cantharellus.*
Gen. 96. *Xylophagus.*
Gen. 97. *Daedalea.*
Gen. 98. *Boletus.*
Gen. 99. *Fistulina.*
Gen. 100. *Systotrema.*

Gen. 101. *Hydnum.*
Gen. 102. *Thelephora.*
Gen. 103. *Stereum.*
Gen. 104. *Merisma.*
Gen. 105. *Clavaria.*

Series 2.

Gen. 106. *Geoglossum.*
Gen. 107. *Spathularia.*
Gen. 108. *Leotia.*
Gen. 109. *Helvella.*
Gen. 110. *Helotium.*
Gen. 111. *Morchella.*
Gen. 112. *Peziza.*
Gen. 113. *Ascobolus.*
Gen. 114. *Stictis.*

Nachdem nun Link die Anwendung des Sporenbaus und der Anordnung der Fructifications-Körner auf eine natürliche Classification der Pilze in schneller Vorüberführung aller bisherigen Gattungen, und zahlreicher neu gebildeter, vorgezeigt hatte, musste, wer diese Gewächse liebte, nothgedrungen auf demselben Wege weiter gehen und die Gleichförmigkeit oder Ungleichförmigkeit des Baus bis ins Innerste hinein verfolgen.

Nees von Esenbeck mag es zum Verdienst gerechnet werden, dass er in der

Mittheilung der von einem solchen Standpunkte aus geordneten Resultate seiner Beobachtungen Andern vorgeeilt ist und mit Hülfe eines wohlgesinnten Verlegers die Formen des Pilzreichs, wie sie ihm in dieser Beleuchtung erschienen, in einer ziemlich genügenden Reihe theils entlehnter, theils von ihm selbst gezeichneter oder doch gewählter Figuren, von Hrn. Sturm, der selbst Kenner des Fachs ist, darstellen lassen konnte.

Was er weiter hinzugethan, um die Anschauung, von der er durchdrungen war, lebendig in verwandten Gemüthern zu wecken, mag hier übergangen werden. Es hat Einige gefreut, Manche wohl auch ermuntert und gefördert, und das ist genug.

Wir geben hier den Umriss des »Systems der Pilze und Schwämme«, Würzburg 1817, mit wenigen Worten, und werden das Ausführlichere in der nachfolgenden Anordnung der Familien und Gattungen der Pilze, mit Einschaltung der späteren Entdeckungen, hinzuthun.

Das Pilzreich zerfällt in zwey grosse Kreise, von denen der eine seine Fructification als freye, — der andere aber als ursprünglich eingewachsene Körner darstellt. Die Art, wie dieses Statt findet, giebt die Familien der beyden Hauptkreise.

ERSTER KREIS. PILZE. Charakter: Freye Körner.

ERSTE FAMILIE. STAUBPILZE. *Coniomycetes.*. Reine Körner, zuweilen mit Körnern erfüllt.

ZWEYTE FAMILIE. FADENPILZE. *Trichomycetes.*. Freye Fäden.

a) SCHIMMEL, *Mucedo*; durchsichtige Fäden, ohne oder mit Körnern.

b) FASERPILZE, *Byssi;* trübe oder erfüllte Fäden, ohne oder mit Körnern.

DRITTE FAMILIE. BALGPILZE. *Gasteromycetes.*. Freye Körner in blasenförmigen Behältnissen.

ZWEYTER KREIS. SCHWAEMME. Charakter: Geschlossene oder gebundene Substanz, gewöhnlich mit eingewachsenen Körnern.

ERSTE FAMILIE. KEIMPILZE. *Scleromycetes*. Ohne Körner.

a) Texturlos oder in fremder Textur vergraben, *Goniomyces;*

b) In eigner Textur; *Sclerotium.*

ZWEYTE FAMILIE. DICHTPILZE. *Sarcomycetes.* Körner in gebundener Substanz.

a) Nackte, — FLEISCHSSCHWAEMME, *Tremellae*;

b) Selbst wieder mit Körnern erfüllte, — KUGELSCHWAEMME, *Tubera.*

DRITTE FAMILIE. SCHLAUCHSCHWAEMME, im weitern Sinn des Worts. *Ascomycetes.* Körner in gedehnten Blasen oder Schläuchen.

a. { a) KEULENSCHWAEMME, *Clavariae;*
b) HUTSCHWAEMME, *Fungi pileati;*

b. { c) STEMPELSCHWAEMME, *F. pistillares;*
d) KELCHSCHWAEMME, *F. calycini.*

VIERTE FAMILIE. KERNSCHWAEMME, *Fungi medullares.* Körner in Schläuchen, von einem blasenförmigen Behältnisse umschlossen und in Schleim sich lösend. — Zweyte Hälfte der dritten Familie des ersten Kreises, der sich in dieser schliesst; daher uns einfiel, sie mit dem weiblichen Stempel der Blüthen zu vergleichen, die Staubpilze aber mit dem männlichen Staubfaden, und hiedurch möchte die scheinbar verlorne Symmetrie des Systems wieder gewonnen werden, von dessen beyden Kreisen jeder aus drey Familien besteht, doch so, dass sich die letzte des ersten Kreises zur Hälfte an den zweyten Kreis anschliesst, und diesen dadurch auf vier Familien erhebt, — eine Fülle, die sich auch in den übrigen Familien desselben durch Vollständigkeit, ja durch Verdoppelung der beyden, die Hauptkreise nochmals andeutenden Familienglieder zu erkennen giebt.

Die grössere Vollständigkeit der Anwendung, welche die Familien des Pilzreichs bald nachher durch unseres Freundes, des Akademikers Martius *Flora cryptogamica Erlangensis*, *Norimbergae* 1817, — durch die mykologischen Hefte von Kunze und Schmidt, und durch die von diesen beyden scharfblickenden Pilzkennern herausgegebenen Lieferungen deutscher Schwämme, durch mehrere Beyträge zu der Regensburger botanischen Zeitung, und vorzüglich durch *Ehrenbergs Sylvae mycologicae Berolinenses*, *Berolini* 1818, so wie durch dessen Beschreibung der von CHAMISSO auf der Romanzoffschen Expedition gemachten Entdeckungen, — (*Horae physicae Berolinenses*, *Bonnae* 1820), gewonnen haben, und die wichtigen Gattungsbestimmungen von Fries sollen nun in dem Folgenden den von uns aufgestellten Familien, — weil wir damit begreiflicher Weise am vertrautesten sind, noch mehr aber, weil sie durch die Aufnahme ihres wesentlichen Inhalts in die »Uebersicht des Gewächsreichs« von Hrn. Prof. Sprengel, (Halle 1817), nun für uns selbst schon eine Art von freyer Geltung erhalten haben, so gut wie möglich eingetragen werden, damit wir solchergestalt dem Vermächtniss unseres verewigten Vorgängers in dieser Arbeit auch in Hinsicht auf die uns durch seine Vorrede zum dritten Bande auferlegte Verbindlichkeit nachleben.

Ehe wir hiezu schreiten, müssen wir noch einmal auf die scharfsinnigen Gruppirungen zurückkommen, welche Ehrenberg in den »mykologischen Wäldern« unter die Gattungen des Pilzreichs gebracht hat, und die viel dazu beytragen können, den Blick in der angehäuften Masse der Gattungen zu leiten und sicher durch sie hindurch zu führen. Wir werden in der Aufzählung der Gattungen selbst oft darauf zurückkommen müssen.

Endlich erwähnen wir auch noch einer Zusammenstellung der Pilzgattungen nach Okens neuester Familieneintheilung in der Isis 1819. Hft. 3. S. 465, die uns an eine sehr angenehme Stunde freundlichen Zusammensinnens erinnert, und als Fingerzeig zu künftig vielleicht nöthig werdenden Abkürzungen dienen kann, obwohl wir von der Vermehrung der sogenannten Gattungen auf diesem Gebiete eben nicht grossen Nachtheil fürchten, da es Jedem frey steht, und vielleicht auch dem Linne'schen Sprachgebrauche am angemessensten ist, die bisher als Familien bezeichneten Pilzgruppen Gattungen zu nennen.

Wir haben den seeligen Willdenow in einem Kampfe mit Medicus, der die *Generatio originaria* der Pilze behauptete, verlassen, auch die Entwicklung des bisherigen Pilzsystems auf die unbedingte Annahme einer Pilzfructification fussen sehen, und dürfen daher diesen Punkt nicht ganz unberührt lassen. Weniger kommt aber hiebey darauf an, dass und warum es uns geschienen, als lasse sich die Idee einer *Generatio originaria* der Pilze aus der nachfolgenden (nachbildlichen) eignen Belebung der organischen Substanz, gleichsam aus frey wachsenden Amylum-Körnern, nicht nur vertheidigen, sondern sogar mit der Behauptung einer Fortpflanzung derselben Gewächse durch Saatkörner vereinbaren, — als auf die folgenreiche Entdeckung der Art und Weise, wie das Keimen der Pilzkörner vor sich geht. Unser Freund Ehrenberg hat diese, von ihm vielseitig wiederholte Beobachtung in den *Horae physicae Berolinenses p.* 122 angedeutet, ausführlich aber in einer Abhandlung: *de mycetogenesi*, die nächstens in dem zehnten Bande der Verhandlungen der Kaiserl. Leop. Carolinischen Akademie der Naturf. erscheinen wird, auseinandergesetzt, und die Resultate seiner Pilzsaaten genau beschrieben und abgebildet. Irren wir nicht, so sind wir hier dem lösenden Wort, das manches Räthsel der tieferen Vegetationen aufklären wird, sehr nahe gerückt.

Wie sich die Ausgeburten der Ektospermen, — (Roths botanische Bemerkungen und Berichtigungen p. 183. ff. c. tab.), — nachdem sie grün geworden, in einen oder in zwey entgegengesetzte Fäden ausdehnen, so dehnen sich aus den keimenden Pilzkörnern Fäden hervor, die sich entweder frey zu Schimmeln entwickeln, oder, durch eine Art von organischer Anziehung verwachsend, den Körper eines grössern Schwammgebildes ausmachen, als Strunck aufsteigen, als Blasen sich aushöhlen, als Hut, wie Stralen eines fallenden Wasserstrals, ausbreiten und zurücksinken, und endlich wieder in Schläuche und Körner auflösen. Der Pilz ist also ein Gewächs aus mehreren zusammengehenden Pilzkeimen, der unverwachsen vegetirende Pilzkeim aber wird zum Schimmel.

Boltons Register haben wir für die, welche seine Synonymie interessiren könnte, unverändert abdrucken lassen; eine kritische Sichtung dieser Synonymik aber findet man in dem die sämmtlichen Tafeln erläuternden Commentar meines Bruders und in den Citaten desselben. Ein vollständiges Register ist beygefügt.

Um aber diese Uebersetzung des Boltonschen Werks noch nützlicher zu machen und ihr eine allgemeinere Brauchbarkeit zu verschaffen, haben wir mit dem Hrn. Verleger beschlossen, unsere Arbeit in nachfolgenden Bänden zu vervollständigen und das Ganze allmählig über die FAMILIE DER HUTSCHWAEMME, oder über die Gattungen: *Agaricus*, *Russula*, *Coprinus*, *Boletus*, *Polyporus*, *Daedalea*, *Systotrema*, *Merulius*, *Hydnum*, *Porothelium Fr.*, *Phyllacteria Pers. Champ.*, *Thelephora* und *Stereum* nach folgendem Plan zu verbreiten. Wir werden mit Benutzung der kritischen Arbeiten von Fries und der zu erwartenden Ausgabe der Persoonschen *Synopsis methodica Fungorum* die grösseren Kupferwerke von Schäffer, Bulliard, Sowerby, Holmskiold und Trattinnick mit Boltons Abbildungen nochmals genau vergleichen und, nachdem wir, so eine möglichst bestimmte Uebersicht aller in guten Abbildungen vorhandener

Schwammarten aus dieser Familie zum Grund legen, bey unseren eignen mykologischen Excursionen Bedacht nehmen, die noch nicht oder schlecht abgebildeten zu zeichnen oder zu modelliren, oder durch unsere Freunde abgebildet zu erhalten.

Auf diese Weise können wir in einem jährlich zu liefernden Supplementband von wenigstens 50 Kupfertafeln mit den dazu gehörigen Beschreibungen, in der Form der vorliegenden Bände des Boltonschen Werks, die genuinen Arten, welche nicht schon in den früheren Bänden von Bolton beschrieben und abgebildet worden sind, in einer gewissen methodischen Ordnung nachtragen, indem wir die besten der schon vorhandenen Figuren copiren lassen, die noch nicht dargestellten Arten aber, wenn es möglich, nach Originalen hinzufügen. So dürfte es uns vielleicht gelingen, im Verlauf mehrerer Jahre den Freunden dieses Theils der Pilzkunde mit geringen Kosten ein brauchbares Handbuch zu liefern, das, ohne die grösseren, schmuckvolleren, zahlreiche Formen und Spielarten von Schwämmen zusammenstellenden Werke im geringsten zu beeinträchtigen, den minder Bemittelten zur Aushülfe dienen könnte, und selbst dem, der jene Werke besitzt, zum schnelleren Auffinden und zu bestimmterer Erinnerung an das Bekannte von einigem Nutzen seyn würde.

Es sollen nämlich bey den Synonymen der Hauptart alle Spielarten so genau wie möglich bezeichnet und die dazu gehörigen Tafeln der Autoren citirt werden, so dass man, von einem sicheren Punkte ausgehend, wenigstens auf den Kreis, innerhalb dessen ein im Leben gefundener Hutschwamm liegen möchte, mit ziemlicher Zuversicht schliessen und sich dann bey den Schriftstellern weiter Raths erholen kann.

Bonn den 25. April 1820.

Dr. C. G. Nees v. Esenbeck.

Synopsis

Generum Plantarum mycetoidearum.

Nota. Confer. **Radix plantarum mycetoidearum.** Commentatio etc. **Scripsit Dr. Th. Fr. L. Nees ab Esenbeck,** c. Tab. aeri incisa. **Bonnae** 1820.

Ordo primus. Mycetes. Pilze.

Familia 1. *Coniomycetes.* Sporidia sola.

A) *Hypodermii* Ehrenberg.

Adnot. E cellularum corticis morbosa dissolutione oriuntur in *Alno glutinosa* viva pustulae effusae, pulvere flavicante repletae, quae est **Uredo subcorticalis** Fr. N. ab E.: **acervulis** tectis confluentibus, **sporidiis subangulosis.** — Hab. in agro **Leydensi.**

1. ***Hypodermium*** *Link* (*Caeoma* N. ab E.) Sporidia ex epidermide viva, saltem incorrupta, effusa, continua.
   - A. *Roestelia* Link.
   - B. *Peridermium* Alb. et Schw.
   - C. *Aecidium* Pers.
   - D. *Ustilago* Pers.
   - E. *Uredo* Link (et Uromyces seu Caeomurus Link.)

2. *Puccinia Link* (Obs. II. *Dicaeoma* N. ab E.) Sporidia ex epidermide viva effusa, uniseptata, pedicellata.

3. *Bullaria Dec.* Sporidia ex epidermide mortua erumpentia, didyma, pedicellata.

4. *Podisoma Link* (juncto genere Gymnopsorangio Link). Sporidia ex epidermide viva erumpentia, septata, longe pedicellata, pedicellis in massam subcarnosam coëuntibus.

B. *Phragmidii* Ehrenb.

5. *Phragmidium Link* (Aregma Fr., Puccinia N. ab E.) Sporidia cortici vivae imposita, septata, opaca.

C. *Pulverarii* (demto Pulveraria genere, quippe quod Lichenibus magis affine videatur.)

6. *Cryptosporium Kunze* (Myc. H. I. p. 1. T. 1. f. 1.) Sporidia fusiformia, coadunata, sub epidermide nunquam rumpente latitantia.

7. *Achitonium Kunze* (Bot. Zeitung 1819 p. 49). Sporidia globosa, incumbentia.

8. *Stilbospora Pers.* Sporidia annulata, obscura, conglutinata.

9. *Asterosporium Kunze* (Bot. Zeitung 1819 p. 225). Sporidia stellata, farcta, in fundo floccoso-granuloso coacervata.

10. *Seiridium N. ab E.* Sporidia opaca, isthmis filiformibus concatenata, innata, coacervata.

11. *Sporidesmium Link.* Sporidia opaca, annulata, pedicellata, erecta, innata.

12. *Bactridium Kunze* (Myc. H. I. p. 5. T. 1. f. 2). Sporidia integra, farcta, pedicellis ramosis intricatis affixa.

13. *Apiosporium Kunze* (Myc. H. I. p. 8. T. 1. f. 3). Sporidia subpyriformia, opaca, adnata, erecta, extus pulverulenta, intus sporidigera.

14. *Illosporium Martius.* Sporidia subglobosa, integra, farcta, colorata, in membrana granulosa glomerata.

15. *Conisporium Link.* Sporidia coacervata, ovata, opaca, sporidiolis emergentibus demum inspersa, pulverulenta.

Obs. Transitus fit ex hoc genere a Pulverariis, intus sporidigeris, in *Sarcopodia*, quibus stroma proprium sporidiis extus conspergitur. Scilicet sporidium commune *Conisporii* una et cistulae (seu sporidii) et stromatis vices gerit.

D. *Sarcopodia* Ehrenb. (Sphaerobases Link). Sporidia stromati imposita.

16. *Aegerita Pers.* Sporidia globosa, stromati rotundato laxe incumbentia.

17. *Melanconium Link*, Sporidia globosa, stromati deplanato laxe imposita.

18. *Epicoccum Link.* Sporidia globosa, dissita, stromati globoso adnata.

19. *Dermosporium Link.* Sporidia globosa, stroma globosum dense investientia.

Adn. Huic generi proximum, nisi forte idem, genus Spermodermia Tode Fasc. I. Tab. 1. f. 4. a. b. c.

20. *Tubercularia Pers.* Sporidia globosa, e stromate subcyathiformi, brevi stipite instructo, mucilaginoso-expansa.

Sp. 1. T. vulgaris Pers. *Bolt.* III. p. 56. Tab. 127. fig. sup., mala.

21. *Stilbum Pers.* Sporidia globosa, stromatis capitati stipitati capitulo molli immersa.

22. *Calycium Pers. Link.* Sporidia globosa, compacta, in disco stromatis cyathiformis stipitati.

23. *Periconia Pers.* Sporidia globosa, in stromate subulato capitulum clavamve efficientia.

24. *Fusidium Link* (cum Fusario Link). Sporidia fusiformia et oblonga, integra e stromate tenui effuso diffluentia.

Adn. Stroma saepe, ut in F. griseo, adeo obsoletum, ut genus altero pede inter *Pulverarias*, altero autem inter *Sarcopodia* consistere videatur.

25. *Atractium Link.* Sporidia fusiformia, integra e vertice stromatis globosi stipitati diffluentia.

26. *Prosthemium Kunze* (Myc. H. I. p. 17. T. 1. f. 10.) Sporidia fusiformia, septata, binata ternatave, pedicellata, stromati plano innata.

27. *Coryneum N. ab E.* Sporidia clavata, septata, pedicellata, erecta, in stromate plano conferta.

28. *Exosporium Link.* Sporidia cylindrica, septata, opaca, stromati rotundato innata, sursum libera.

29. *Sarcopodium Ehrenb.* (Sylv. Ber. p. 23. Fig. IV.) Sporidia flocciformia, elongata, septata, pellucida, stromati effuso innata.

Familia 2. *Hyphomycetes. Flocci nudi vel Sporidiis aucti.*

A. *Mucedines*; floccis pellucidis, septatis.

a) Sporidiis nullis nudisve.

30. *Helicomyces Link.* Flocci simplices, erecto-caespitosi, spirales. Spordia nulla.

31. *Acrosporium N. ab E.* Flocci simplices, aggregati, moniliformes, articulis secedentibus. Sporidia nulla.

Adn. Hujus loci etiam *Alysidium Kunze* Mycol. H. I. p. 11. Tab. 1. f. 6. a b.

32. *Oïdium Link.* Flocci ramosi, decumbentes, apice moniliformes, articulis secedentibus. Sporidia nulla.

33. *Geotrichum Link.* Flocci ramosi, decumbentes, apice in articulos truncatos discedentes. Sporidia nulla.

34. *Acrotamnium N. ab E.* Flocci ramosi, intricati, subpellucidi, ramulis fasciculatis erectis hyalinis persistentibus. Sporidia nulla.

Adn. Huic generi subjungenda:

a. *Ozonium Link.* Stipes et rami majores e floccis contexti; ramuli simplices, septati, pellucidi.

b. *Himantia Pers.* Stipes e floccorum connubio ortus, apice plumosus vel radians.

Hujus loci etiam *Chordostylum hispidulum* Tode secundum Cl. Persoonem.

c. *Xylostroma Pers.* Flocci omnes in pannum aequabilem contexti.

d. *Athelia Pers.* (Champ.comm.) *Himantiae* thelephoroideae Fries.Obs. Myc. II. p. 284.) Flocci centrum versus in membranam confluunt, in ambitu radiatim divergunt, apicibus septatis pellucidis.

35. *Dacrydium Link.* (Myrothecium roridum Tode Fasc. I. Tab. V. f. 38). Flocci ramosi, in scutellas intricati. Sporidia globosa, e guttulis lacteis coagulata.

36. *Collarium Link.* Flocci ramosi, intricati. Sporidia globosa, in acervulos conglutinata.

37. *Sporotrichum Link.* Flocci ramosi, implexi. Sporidia globosa vel oblonga, dispersa.

a. *Alytosporium* Link sporidiis adhaerentibus, nec facile solvendis, differt.

b. *Byssocladium* Link floccis radiatim expansis et sporidiis minoribus recedit.

c. *Aleurisma* Link floccis minoribus sporidiisque maxima copia coacervatis, sub aqua vehementer diffluentibus insigne.

38. *Trichoderma Pers.* (*Pyrenia* quaedam Tode). Flocci ramosi, implexi. Sporidia globosa, compacta, floccis obtecta.

39. *Sepedonium Link.* (*Mycobanche Pers.* Champ.comm. de la France). Flocci ramosi, fungis putridis innati, implexi. Sporidia globosa, compacta, floccis intertexta.

40. *Fusisporium Link.* Flocci ramosi, implexi. Sporidia fusiformia, in centro floccorum collecta.

41. *Trichothecium Link.* Flocci ramosi, decumbentes. Sporidia uniseptata.

42. *Epochnium Link.* Flocci ramosi, decumbentes, parci. Sporidia oblonga, apiculata, inspersa.

43. *Mycogone Link.* Flocci ramosi, implexi, fungis innati. Sporidia globosa, pedicello affixa.

44. *Acremonium Link.* Flocci decumbentes, subramosi, laxi. Sporidia globosa, longe pedicellata.

45. *Verticillium N. ab E.* Flocci erecti, simplices, sociati. Sporidia pedicellata, verticillata.

46. *Haplaria Link.* Flocci subramosi, erecti, sparsi. Sporidia globosa, hinc inde coacervata.

47. *Acladium Link.* Flocci simplices ramosive, erecti, caespitosi. Sporidia subrotunda, circa floccorum apices collecta.

48. *Virgaria N. ab E.* Flocci virgati, dichotomi, erecti, caespitosi. Sporidia globosa, inspersa.

49. *Botrytis Link.* Flocci corymbosi, erecti, caespitosi. Sporidia globosa, circa ramorum apices collecta.

Sp. B. cinerea Pers. *Bolt.* III. p. 67. Tab. 132. f. 3.

50. *Cladobotryum N. ab. E.* Flocci corymbosi, ascendentes, laxi. Sporidia oblonga, circa ramorum apices sparsa.

51. *Stachylidium Link.* Flocci basi implexi, apice ramosi, ramulis brevibus verticillatis. Sporidia globosa, ad verticillos congesta.

52. *Polyactis Link.* Flocci ramosi, ramis apice ramulis brevibus. Sporidia globosa, circa ramorum apices collecta.

Adn. *Monilia* digitata Pers. - *Bolt.* III. p. 66. Tab. 132. f. 2. — Micheli Tab. 91. f. 4, dubia adhuc plantula, huic vel sequenti generi proxima videtur. An proprii generis?

53. *Actinocladium Ehrenb.* (*Link* Jahrb. d. Gewächsk. I. 2. p. 51. Tab. 1. f. 3). Flocci erecti, trifidi, breves. Sporidia globosa, interspersa.

54. *Penicillium Link.* Flocci subramosi, apice penicillati. Sporidia globosa, in capitulum terminale collecta.

b. Sporidiis annulatis vel infarctis.

55. *Dactylium N. ab E.* Flocci simplices, erecti. Sporidia septata, pellucida, in apicibes floccorum digitata.

56. *Arthrinium Kunze* (Myc. H. I. p. 9. T. 1. f. 4.) Flocci simplices, prostrati. Sporidia inspersa, fusiformia, integra, farcta.

57. *Syzygites Ehrenb.* Flocci ramosi, decumbentes, transversis tubulis coëuntes. Sporidia magna, globosa, ex coïtu floccorum nascentia.

Adn. De hoc Mycete memorabilissimo conf. Verhandl. der Berl. Gesellsch. naturf. Freunde, 1820. Heft 2. p. 98. Tab. II. et III.

58. *Aspergillus Micheli.* Flocci erectiusculi, apice clavati. Sporidia ex apicibus floccorum erumpentia, capitata.

59. *Thamnidium Link.* Flocci erecti, basi ramosi, apice vesiculosi. Sporidia inclusa, globosa, in ramulis nuda, terminalia.

60. *Mucor Link.* Flocci erecti. Sporidia globosa, vesicula apicis inclusa.

Sp. M. Mucedo β conferta Pers. *Bolt.* III. p. 65. Tab. 132. f. 1.

Adn. *Ascophora* Tode differt vesicula post lapsum sporidiorum inversa campanulata.

61. *Didymocrater Martius* (Fl. Erl. cr. p. 363) Flocci erecti. Sporidia globosa, vesiculis geminis apicis inclusa.

62. *Pilobolus Pers.* (*Hydrogera Wiggers.*) Flocci simplices, erecti, biarticulati, articulo infero clavato, supero vesiculoso, desiliente. Sporidia intra vesiculam compacta, globosa.

Sp. 1 P. crystallinus Pers. *Bolt.* III. p. 68. Tab. 133.

Sp. 2 P. roridus Pers. *Bolt.* III. p. 67. Tab. 132. f. 4.

B) *Byssi.* Floccis (fibris) plerisque opacis solidiusculis.

a) Sporidiis nullis nudisve.

63. *Hormiscium Kunze* (Myc. H. I. p. 12. Tab. I. f. 7.) Flocci simplices, erecti, subaggregati, moniliformes, articulis globosis. Sporidia nulla.

64. *Monilia Link.* Flocci simplices, erecti, congesti, moniliformes, articulis ovatis. Sporidia nulla.

65. *Alternaria N. ab E.* Flocci simplices, erecti, sparsi, moniliformes, articulis distantibus. Sporidia nulla.

66. *Sphondylocladium Martius* (Fl. Erl.) Flocci subsimplices, erecti, distantes, moniliformes, ramulis brevibus verticillatis. Sporidia nulla.

67. *Torula Link.* Flocci simplices, decumbentes, moniliformes, articulis globosis discedentibus. Sporidia nnlla.

68. *Dematium Link.* Flocci ramosi, intricati, continui, rigidi. Sporidia nulla.

69. *Byssus Link.* (*Hypha Pers.*) Flocci ramosi, continui, fluxiles. Sporidia nulla.

70. *Gonytrichum N. ab E.* (N. Act. Acad. N. C. Vol. IX. Tab. V.) Flocci ramosi, intricati, nodosi. Sporidia globosa, ad nodos verticillata.

b) Sporidiis annulatis vel immersis.

71. *Erineum Link* (*Phyllerium Fries*) Flocci parasitici, subfiliformes, caespitosi. Sporidia intra floccos.

Adn. *Cronartium Fries* differt floccis rectis aequalibus, neque, ut in reliquis plerisque, contortis.

72. *Rubigo Link* (*Erineum Fries*) Flocci parasitici, dilatati, caespitosi, grumosi. Sporidia intra floccos.

Adn. *Taphriam Friesii* Rubiginem habeo, cupulis floccorum in granula contractis. — *Fumago* Pers. (Champ. commest.) morbosa est foliorum aegrotantium ex halitu illuvies.

73. *Helicotrichum Fr. N. ab E.* (N. Act. Acad. N. C. Dec. I. Vol. IX. p. 246. Tab. V. f. 15.) Flocci ramosi, decumbentes, intricati, subseptati. Sporidia spiralia, septata, inspersa, fugacia.

74. *Helicosporium N. ab E.* Flocci simplices, erecti, continui. Sporidia spiralia, septata, interspersa.

75. *Helmisporium Link.* Flocci erecti subramosi, continui aut obsoletissime septati. Sporidia clavata, septata, opaca, adspersa.

76. *Antennaria Link.* Flocci erecti, moniliformes, stromate grumoso juncti. Sporidia in stromate nidulantia, septata, opaca.

77. *Amphitrichum Fr. N. ab E.* (N. Act. Acad. N. C. Dec. I. Vol. IX. p. 248. Tab. VI. f. 17.) Flocci apice erecti, dense caespitosi, continui, basi in globum contexti, septati, pellucidi. Sporidia: globus stromatoides e coitu floccorum.

78. *Racodium Link.* Flocci contexti, ramosi, continui. Sporidia: globuli e coitu ramulorum tenuissimorum moniliformium.

79. *Dacryomyces N. ab E.* (Tremella *Link*) Flocci articulati, stromati gelatinoso immersi. Sporidia globosa, floccis instrata et cum iisdem immersa.

80. *Circinotrichum N. ab E.* Flocci subramosi, circinati, decumbentes, continui. Sporidia fusiformia, inspersa.

81. *Campsotrichum Ehrenb.* (*Link.* Jahrb. der Gewächsk. I. 2. p. 53. Tab. I. f. 4.) Flocci ramosi, intricati, continui, ramis divaricato-hamatis. Sporidia globosa, circa apices ramulorum dispersa.

82. *Chloridium Link.* Flocci subramosi, erecti, continui. Sporidia globosa, inspersa.

83. *Cladosporium Link.* Flocci subdivisi, erecti, caespitosi, continui, apicibus septatis. Sporidia ovata, seriata.

84. *Scolicotrichum Kunze* (Myc. H. I. p. 10. T. I. f. 5.) Flocci simplices, vermiformes, pelluciduli. Sporidia didyma, inspersa.

Adn. Genus *Camptosporium Link* ineditum, cujus in *Sylv. Mycol.* p. 11. mentionem fecit cariss. Ehrenberg, non vidimus; huc autem relatum ab auctore, retinuimus.

85. *Polythrincium Kunze* (Myc. H. p. 13. Tab. 1. f. 8.) Flocci simplices, erecti, caespitosi, moniliformes. Sporidia didyma, interspersa.

86. *Conoplea Pers.* Flocci simplices, erecti, continui, stromate subrotundo basi juncti. Sporidia globosa, interspersa.

87. *Ceratium Alb. et Schw.* Flocci in stipititem membranaceo-plicatum confluentes, simplices. Sporidia globosa, in apicibus floccorum prominulis solitaria.

88. *Isaria Pers.* Flocci penicillati, in stipitem subclavatum subulatumve confluentes. Sporidia globosa, floccis inspersa.

89. *Coremium Pers.* Flocci penicillati, subseptati, in stipitem confluentes apice floccis liberis capitatum. Sporidia globosa, capitulo inspersa.

90. ***Cephalotrichum* Link.** Stipes solidus, subulatus, apice in floccos continuos secedens capitulum constituentes. Sporidia globosa, capitulo inspersa.

Familia 3. *Gasteromycetes. Sporidia libera, sporangiis inclusa.*

A. *Sporidia intra sporangium nuda,* (nec sporangiolis inclusa.)

a) Sporangio leproso vel membranaceo.

91. *Chaetomium Kunze* (Myc. H. I. p. 15. T. 1. f. 9). Sporangium in floccos erectos continuos assurgens, membranaceum. Sporidia massae gelatinosae immersa. Flocci nulli.

92. *Myrothecium Todc.* Sporangium crustoso-furfuraceum, difforme. Sporidia conglutinata. Flocci nulli.

93. *Dichosporium N. ab E.* Sporangium membranaceum, granulorum strato corticatum. Sporidia conglobata. Flocci nulli.

Adn. Genus *Pyrenula* Tode (Fung. Meckl. Fasc. I. p. 33.) vel huic, vel *Trichodermati* generi est adscribendum.

94. *Amphisporium Link.* Sporangium membranaceum. Sporidia difformia. Flocci nulli.

95. *Eurotium Link.* Sporangia membranacea, floccis innata. Sporidia conglobata. Flocci nulli.

96. *Licea Link* (*Licea* et *Tubulina Pers.*) *Sporangium* membranaceum. Sporidia libera. Flocci nulli.

Adn. *Dermodium Link* solis sporidiis grumoso-conglobatis differt.

97. *Sphaerocarpa Schuhmacher* (Fl. Sael. 2. p. 220.) Sporangium membranaceum, operculatum. Sporidia libera. Flocci nulli.

Adn. *Craterio* generi, No. 118, maxime affinis videtur species, huc relata, quam ipse non vidi; differt praecipue floccorum defectu, nisi hos, vel in veris quibusdam *Crateriis* contemplatu difficiliores, Auctorem fugisse existimes. *Licea circumscissa Pers.* ad *Sphaerocarpam* accedere videtur; verum illa lata basi solo adnascitur, sed *Spaerocarpa operculata* Schuhm. stipite sustentatur; verbo, est *Craterium* inter Gasteromycetes sporomestos.

98. *Aethalium Link.* Sporangium stupposo - difforme. Sporidia conglobata, stratis membranaceis intersepta.

Sp. 1. Aeth. flavum Link. *Bolt.* III. p. 71. Tab. 134.

99. *Spumaria Pers.* Sporangium celluloso-floccosum, difforme. Sporidia coacervata, plicis membranaceis ascendentibus interstincta.

100. *Endoconia Rafinesque* (Prodrome des nouv. Genres de Plantes etc.- Isis 1820. 3. p. 243.) Sporangium membranaceum, septis internis cellulosum. Sporidia loculamentis discreta, conglobata.

Adn. Epixylum, formae subdeterminatae, —Americae sep tentrionalis cives. An hujus loci?

101. *Pittocarpium Link.* Sporangium crustaceum. Sporidia conglobata, lamellis interstincta.

102. *Enteridium Ehrenb.* (*Link* Jahrb. d. Gewächsk. I. 2. p. 55. Tab. 1. f. 5.) Sporangium membranaceum, plicatum. Sporidia in glebulos coadunata, fibris in membranulas confluentibus interstincta. Flocci nulli.

102. *Lignydium Link.* Sporangium membranaceum. Sporidia congesta. Flocci adnati, axillis membranaceis.

103. *Diphtherium Ehrenb.* (Sylv. Myc. Berol. p. 26. f. 3.) Sporangium membranaceum, rigidum. Sporidia conferta. Flocci reticulati, torulosi.

104. *Strongylium Dittmar.* Sporangium membranaceum. Sporidia in cylindros conglobata. Flocci fasciculati, erecti.

105. *Lycogala Pers.* Sporangium membranaceum. Sporidia libera, Flocci capillares, adnati.

Sp. 1. L. miniata Pers. *Bolt.* III. p. 44. Tab. 119. f. 1.

Sp. 2. L. argentea Pers. *Bolt.* III. p. 70. Tab. 133. f. 2.

106. *Didymium Schrad.* Sporangium membranaceum, duplex. Sporidia libera. Flocci columellae affixi.

Sp. 1. D. farinaceum *Schrad. Bolt.* III. p. 5. Tab. 94. f. 2.

107. *Diderma Link.* Sporangium membranaceum, duplex. Sporidia libera. Flocci adnati.

108. *Cionium Link.* Sporangium lepidotum. Sporidia libera. Flocci columellae affixi,

109. *Physarum Pers.* Sporangium lepidotum. Sporidia libera. Flocci adnati.

Sp. 1. Ph. virescens Dittm.? *Bolt.* III. p. 49. Tab. 121. f. 2.

Sp. 2. Ph. aurantium Pers. *Bolt.* III. p. 5. Tab. 94. f. 1.

110. *Leocarpus Link.* Sporangium membranaceum. Sporidia conglobata. Flocci adnati.

111. *Leangium Link.* Sporangium membranaceum, radiatim dehiscens. Sporidia libera. Flocci columellae affixi.

112. *Trichia Pers.* Sporangium membranaceum. Sporidia libera. Flocci e fundo ascendentes, tortuosi.

Sp. 1. Tr. fallax Pers. *Bolt.* III. p. 3. Tab. 93. f. 3.

Tr. fallax Pers. Var. min. *Bolt.* III. p. 4. Tab. 93. f. 4.

2. Tr. ovata. Pers. *Bolt.* III. p. 6. Tab. 94. f. 3.

113. *Arcyria Pers.* Sporangium membranaceum, basi persistens. Sporidia libera. Flocci contexti, expansi, decidui.

Sp. A. punicea Pers. *Bolt.* III. p. 2. Tab. 93. f. 2.

114. *Cribraria Schrad.* Sporangium superne fatiscendo cancellatum. Sporidia libera. Flocci adnati.

115. *Dictydium Schrad.* Sporangium totum fatiscendo cancellatum. Sporidia libera. Flocci obsoleti.

116. *Stemonitis Pers.* (*Embolus Wiggers.*) Sporangium fugax. Sporidia libera. Flocci reticulati, stipite perforati.

Sp. St. fasciculata Pers. *Bolt.* III. p. 1. Tab. 93. f. 1.

117. *Craterium Trentepohl.* Sporangium membranaceum, epiphragmate clausum. Sporidia conglobata. Flocci cum sporidiis excreti.

Adn. Genera haec inde a *Didymio* genus *Sphaerocarpus Bulliardi* constituunt.

b) Sporangio coriaceo, furfuraceo vel corticato.

118. Onygena *Pers.* Sporangium crustosum, intus fibrosum. Sporidia conglobata. Flocci nulli.

Sp. 1. On. gossypina *Bolt.* IV. p. 72 et 73. Tab. 178. fig. sup.

Sp. 2. On. fusipes nob. *Bolt.* IV. p. 73. Tab. 178. fig. inf.

119. *Rimella Rafinesque* (Isis 1820. III. p. 243.) Sporangium nudiusculum, rima marginata dehiscens. Sporidia sub rima nidulantia, compacta. Flocci?

Obs. *Rimella ovalis* R., generis hujus typus, habitat in *Virginia* ad terram.

120. *Tulostoma Pers.* Sporangium pulverulentum, vertice poro marginato dehiscens, stipitatum. Sporidia floccis inspersa.

121. *Lycoperdon Pers.* Sporangium extus furfuraceum. Sporidia floccis inspersa.

Sp. 1. L. pratense Pers. *Bolt.* III. p. 41. Tab. 117. fig. a.
- 2. - utriforme Pers. *Bolt.* l. c. Tab. 117. fig. b.
- 3. - excipuliforme Pers. *Bolt.* l. c. Tab. 117. fig. g.
- 4. - perlatum Pers. *Bolt.* l. c. Tab. 117. fig. c. d.
- 5. - echinatum Pers. *Bolt.* l. c. Tab. 117. fig. h. sup.
- 6. - pyriforme Pers. *Bolt.* l. c. Tab. 117. fig. e.

122. *Podaxis Desvaux.* Sporangium squamoso-decorticatum, utrinque fissura dehiscens, stipite intrante columnatum. Sporidia floccis axi adhaerentibus inspersa.

Obs. Lycoperdon axatum Bosc. generis typus est.

123. *Bovista Pers.* Sporangium extus rimoso-squamosum. Sporidia pedicellata, floccis infixa.

Sp. 1. B. nigrescens. Pers. *Bolt.* III. p. 43. Tab. 118.

124. *Scleroderma Pers.* Sporangium extus rimoso-verrucosum. Sporidia in floccis coacervata.

Sp. 1. Scl. citrinum Pers. *Bolt.* III. p. 39. Tab. 116. fig. c.

\- 2. - spadiceum Pers. *Bolt.* l. c. Tab. 116. fig. a. b.

125. *Elaphomyces* (*Scleroderma cervinum* Pers.) Sporangium arhizum, corticatum, clausum, intus venis intersectum. Sporidia conglutinata.

126. *Diploderma Link.* Sporangium arhizum, corticatum. Sporidia floccis instrata.

127. *Calostoma Desvaux.* Sporangium stipitatum, corticatum, cortice apice dentibus revolutis dehiscente. Sporidia floccis destituta.

Obs. Hujus loci Scleroderma calostoma Pers.

128. *Geastrum Pers.* Sporangium monostomum, cortice stellato simplici. Sporidia pedicellata, floccis infixa.

A) Tunica sporangii interioris simplex; — Geastra pleraque Pers.

B) Tunica sporangii interioris duplex; —

Sp. G. *Boltoni* nob. Bolt. IV. p. 74. Tab. 179.

129. *Myriostoma Desvaux.* Sporangium polystomum, polypodum, cortice stellato simplici. Sporidia. . . .

Adn. *Lycoperdon coliforme* Pers. argumentum est generis.

130. *Actinodermium N. ab E.* (Sterrebeckia Link). Sporangium monostomum, cortice simplici stellato carnoso demum indurescente. Sporidia floccis inspersa.

131. *Plecostoma Desvaux.* Sporangium monostomum, cortice duplici, utroque stellato. Sporidia floccis intertexta.

Adn. Num et in hoc genere, cui *Geastra*, peridio duplici instructa, subjunguntur, sporidia pedicello quodam floccis infixa reperiantur, nec ne, non comperimus.

132. *Mitremyces N. ab E.* Sporangium monostomum, cortice stellato vertici inhaerente coronatum. Sporidia....

133. *Piligena Schuhmacher* (Fl.Sael. 2. p. 221.) Sporangium cortice tenui a basi ad apicem laciniato deciduo, vertice demum aperto. Sporidia compacta. Columella fibrosa.

Adn. Medio isto genere *Geasteres* circulo quasi tangunt *Onygenam* genus, a quo series exorta est.

B. *Sporidia intra sporangium peridiolis inclusa.*

a) Sporangio communi membranaceo.

134. *Erysibe N. ab E.* (*Alphitomorpha Wallroth* Verhandlungen der Naturforschenden Freunde in Berlin, 1 Bd. 1 St. 1819. — Neue Annalen der Wetterauischen Gesellschaft. Bd. I. P. 2. p. 238.) Sporangium floccis impositum. Sporangiola tetraspora, sporidiis bipunctatis.

Adn. *Asteroma Dec.* (Fl. Fr.) huic proximum videtur.

135. *Polyangium Dittmar.* Sporangium nudum. Sporangiola polyspora. Sporidia inaequalia.

136. *Sphaerobolus Pers.* (*Carpobolus Willd.*). Sporangium crassiusculum, in dentes dehiscens. Sporangiolum solitarium, elastice projiciendum. Sporidia conglobata, nuda.

b) Sporangio communi coriaceo.

137. *Pisocarpium Link* (*Polypera Pers. Champ. comm.* - *Polysaccum Dec.*) Sporangium clausum, vertice demum exesum.

138. *Cyathus Pers.* (*Nidularia Link.*) Sporangium cyathiforme, delapso epiphragmate apertum.

Sp. 1. C. Olla Pers. *Bolt.* III. p. 18. Tab. 102. fig. 1.

- 2. - striatus Pers. *Bolt.* III. p. 19. Tab. 102. f. 2.

Adn. Genus *Epichysium Tode* huic forma quidem accedit, fibris autem, seu plicis, ramosis internae cyathi superficiei adnatis, Merulium potius cyathiformem aemulatur.

Ordo secundus. FUNGI.

(Schwämme.)

Familia 1. *Scleromycetes.* Solidi, aspori.

A) *Goniomycetes.* Basi dilatata in solum suum transeuntes, nec discreti. Textura propria vix ulla.

139. *Xyloma Pers.* In foliis parasiticum, crustosum, folii textura intrante, disco irregulariter rumpente.

Adn. 1 Genus *Hypoderma Decand.*, in Hesperidibus obvium, a *Xylomate* vix rite separabis, sed *Hypoderma xylomoides* δ. *Aucupariae* Dec. Cl. *Ehrenbergio* auctore, *Hysterii* generis est.

Adn. 2 Genus *Sarcoplaca* Pers. ined. (Sclerotium populinum et affinia.) medium est inter Xylomata et Scelerotia, ut *Erioplaca* (ined) inter illa et Erinea.

140. *Depazea Fries* (Obs. Myc. II. p. 364. Tab. V. f. 6. 7.) In foliis vivis parasitans, per aream expallescentem sparsa, punctiformis, disco demum excavato pulverulento.

141. *Leptostroma Fries* (Obs. Myc. I. p. 196. Tab. I. f. 6.) In epidermide emortua sparsum, circumscriptum, clausum, disco subumbonato.

Obs. Genus, per se quidem bene excogitatum, sed idem forsan jam ab aliena prorsus colluvie purgandum.

142. *Dothidea Fries* (Obs. Myc. II. p. 347. Tab. V. f. 4. 5. -- *Sphaeria* Aucupariae Pers. et aliae, -- *Limboria* Acharius et Arthoniae quaedam Ach ?) Caespitose erumpens, tuberculosa, clausa, cortice duriusculo.

B) *Slerotia.* Undique clausa, intus obscure vesiculosa, subcorticata.

143. *Rhizoctonia Decand.* (Mem. du Mus. d'Hist. naturelle. T. II. p. 209. — *Thanatophytum N. ab E.*) Tuberosum, floccis funiformibus contextum.

144. *Sclerotium Pers.* Tuberosum, adhaerens vel innatum. Stroma floccosum nullum.

145. *Xyloglossum Pers.* (Champ. commest. p. 144.) Clavatum, substipitatum, accretum. Stroma floccosum nullum.

Adn. Hujus loci *Clavaria herbarum* Pers.

Familia 2. *Sarcomycetes.* Solidi, massa intrinsecus sporigera.

A) *Tremelloidei*; sporidiis nudis.

146. *Tremella N. ab E.* (*Encephalium Link, Nematelia Fries.*) Plicato-gyrosa, in

centro duriuscula. Sporidia dispersa, in ambitu utroque magis conferta.

147. *Auricularia Link.* Complanata, tota gelatinosa, altero latere hirsuta. Sporidia dispersa, versus paginam glabram magis conferta.

Sp. 1. A. sambucina Mart. *Bolt.* III. p. 26. Tab. 107.

- 2. - mesenterica, (tremelloides Bull.) *Bolt.* IV. p. 64. Tab. 172.

148. *Coryne N. ab E.* Erecta, cylindrica vel clavata, carnosa. Sporidia apicem versus in ambitu conferta.

Sp. C. dubia Pers. Bolt. III. p. 16. Tab. 101. f. 2.

Obs. *Hygromitra Boscii*: capitulo mitraeformi discreto, -- dubito, anne *Helvellis* potius sit adscribenda?

B) *Tubera*; sporidiis farctis vel sporangiolis inclusis.

149. *Coccopleum Ehrenberg* (Sylv. Myc. p. 27) Sporidia farcta, contextum omnem intra corticem constituentia.

Sp. C. Semen Ehrenb. Bolt. III. p. 45. Tab. 119. f. 2.

150. *Endogone Link.* Cortex fibrosus. Sporangiola in massa subcellulosa sparsa.

151. *Uperhiza Bosc.* Cortex radicans, radicibus descendentibus in stipitem coëuntibus. Sporangiola intrinsecus sparsa, contorta.

152. *Tuber Pers.* Cortex nudus, saepe rimosus. Sporangiola innata, pedicellata, venis massam internam dissecantibus infixa.

153. *Gemmularia Rafinesque* (Isis. 1820. III. p. 243.) Cortex integer, gemmiparus. Massa subsimilaris, rimoso-cavernosa.

Obs. *Lycoperdon solidum* Florae Virginicae, Gron. Virg. p. 176, hujus loci videtur. Confer. Transactions of the Linnean Society. Vol. XII. P. 2. p. 368.

Familia 3. *Ascomycetes.* Sporidia ascis superficialibus inclusa.

A a) *Clavariae.*

154. *Merisma Pers.* Ramulosum, ramulis planis apice floccosum. Asci in omni superficie.

155. *Clavaria Pers.* Ramosa vel clavata, superne ascigera.

Div. I. Botryoideae.

Sp. 1. Cl. Botrytis Pers. *Bolt.* III. p. 35. Tab. 113.

Div. II. Ramalinae.

Sp. 1. Cl. corniculata Pers. *Bolt.* III. p. 36. Tab. 114.

- 2. - viscosa Pers. *Bolt.* III. p. 34. Tab. 112. fig. 2. et III. p. 35. Tab. 113. fig. C.

- 3. - rugosa Pers. *Bolt.* III. p. 37. Tab. 115.

Div. III. Corynoideae.

- 4. - fusiformis Pers. *Bolt.* III. p. 30. Tab. 110.

- 5. - eburnea Pers. *Bolt.* III. p. 31. Tab. 111. fig. 1. et Tab. 110. specimina alba.

- 6. - erythropus Pers. *Bolt.* III. p. 33. Tab. 112. fig. 1.

156. *Spathularia Pers.* Clava compressa, utrinque in stipitem decurrens, superne ascigera.

Sp. Spath. flavida Pers. *Bolt.* III. p. 10. Tab. 97.

157. *Geoglossum Pers.* Clava teretiuscula, a stipite discreta, undique ascigera.

Adn. *Typhula Friesii*, a *Geoglosso* habitu revera diversa, charactere artificiali vix rite distinguenda, nisi clâvam in ortu tumentem, neque in stipitem continuatam, velis respicere.

Sp. G. glabrum Pers. *Bolt.* III. p. 32. Tab. 111. f. 2.

158. *Mitrula Pers.* (Disp. Meth. F.) Clava discreta, a stipite perforata, undique ascigera.

159. *Leotia Pers.* Capitulum orbiculare, margine revolutum, superne ascigerum, ascis inferne sparsis.

160. *Helotium Pers.* Capitulum hemisphaericum vel depressum, margine revolutum, vertice ascigerum.

Sp. H. aciculare Pers. *Bolt.* III. p. 12. Tab. 98. f. 1.

161. *Helvella Pers.* Capitulum plicatum, sinuosum, utrinque deflexum, undique ascigerum. Asci ampli.

Sp. H. albida Pers. *Bolt.* III. p. 5. Tab. 95.

162. *Morchella Pers.* Capitulum celluloso-reticulatum, undique ascigerum.

Sp. M. esculenta. *Bolt.* II. p. 70. Tab. 91.

Adn. 1. Genus *Verpa* Pers. ined. capitulo libero laevi *Pileatis* accedit habitu, sed hymenio gaudet supino.

Adn. Genera *Cladoporus*, *Hericium* et *Gomphus* Pers. (Champ. commest.) habitu magis, quam vera natura, hisce respondere, invenies; est enim ille *Polyporus*, alter (Hericium) *Hydnum*, -- postremus denique (Gomphus) *Merulii* species clavata et subdivisa.

A b) Pileati.

163. *Asterophora Dittmar.* Hymenium lamellosum, ascis destitutum. Vertex fatiscens, floccosus. Sporidia angulata in vertice.

164. *Agaricus Link.* Hymenium lamellosum, lamellis inaequalibus. Sporidia uniseriata.

Div I. *Amanitae.* (Gen. *Amanita* Pers.)

Sp. 1. A. (A.) bulbosa Pers. *Bolt.* II. p. 5. Tab. 48.

- 2. - - verrucosa Pers. *Bolt.* II. p. 4. Tab. 47.

- 3. - - nobilis Pers. *Bolt.* II. p. 3. Tab. 46.

- 4. - - muscaria Pers. *Bolt.* I. p. 48. Tab. 27.

- 5. - - aspera Pers. *Bolt.* IV. pag. 20. Tab. 139.

Div. II. *Vaginati.*

Sp. 6. A. (V.) spadiceus Var α. Pers. *Bolt.* II. p. 7. Tab. 49.

- 7. - - fulvus Fries. *Bolt.* I. p. 60. Tab. 38.

Div. III. *Lepiotae.*

Sp. 8. A. (L.) procerus Pers. *Bolt.* I. p. 43. Tab. 23.

- 9. - - colubrinus γ cristatus Pers. *Bolt.* I. p. 25. Tab. 7.

- 10. - - granulosus Pers. *Bolt.* II. p. 9. Tab. 51. fig. sup.

- 11. - - villosus Pers. *Bolt.* I. p. 66. Tab. 42.

- 12. - - Flammula Alb. Schw. *Bolt.* II. p. 8. Tab. 50.

- 13 - - polymyces Pers. *Bolt.* IV. p. 21. Tab. 140.

- 14 - - polymyces Pers. juvenilis. *Bolt.* I. p. 35. Tab. 16.

- 15. - - - - - pallidus *Bolt.* IV. p. 23. Tab. 136.

- 16. - - melleus Pers. *Bolt.* IV. p. 23. Tab. 141.

- 17. - - laricinus Pers. *Bolt.* I. p. 38. Tab. 19.

Div. IV. *Gymnopodes.*

A. Colore ex rufo in fuscum gradibus mediis transeunte.

Sp. 18. A. (G.) pratensis α ficoides Fries.
- 19. - - a) subflavescens Fries. *Bolt.* II. p. 14. Tab. 56. minor.
b) subflavescens Fries. *Bolt.* I. p. 42. Tab. 22. major.
- 20. - - Oreades Pers. *Bolt.* IV. pag. 35. Tab. 151.
- 21. - - velutipes Pers. *Bolt.* III. pag. 75. Tab. 135.
- 22. - - ascendens Pers. *Bolt.* II. pag. 14. Tab. 55.
- 23. - - rigidus Pers. *Bolt.* I. pag. 67. Tab. 43.
- 24. - - Pluteus Pers. Var. *Bolt.* II. pag. 33. Tab. 69.
- 25. - - Var. stipite pileo concolore. *Bolt.* I. p. 19. T. 2.
- 26. - - Var. rigens Pers. *Bolt.* I. pag. 34. Tab. 15.

B. Colore pallido, egriseo luteoque mixto, subcervino.

Sp. 27. - - peronatus Pers. *Bolt.* II. pag. 18. Tab. 58.

C. Flavi, fulvi, coccinei.

Sp. 28. A. (G.) conicus Var. δ. Pers. *Bolt.* II. pag. 31. Tab. 67. Fig. 2.
- 29. - - laceratus Pers. *Bolt.* II. pag. 32. Tab. 68.

D. Virides.

Sp. 30. - - viridis Pers. *Bolt.* I. pag. 31. Tab. 12.

E. Violacei.

Sp. 31. - - serratus *Bolt.* I. pag. 33. Tab. 14.
- 32. - - ionides Bull? *Bolt.* I. pag. 56. Tab. 36. Fig. D.
- 33. - - purus. Var. λ purpureus Pers. *Bolt.* I. pag. 65. Tab. 41. Fig. B.

F. Cinerei, cani, albi.

Sp. 34. - - plumosus Pers. *Bolt.* I. pag. 54. Tab. 33.
- 35. - - rhodopolius Fries. *Bolt.* I. pag. 24. Tab. 6.
- 36. - - nebularis Pers. *Bolt.* I. p. 63. Tab. 40.
- 37. - - leucocephalus Bull. *Bolt.* IV. p. 38. Tab. 153.
- 38. - - Michelianus Fries. *Bolt.* I. p. 22. Tab. 4. fig. 2.

Sp. 39. A. (G.) tuberosus Pers. *Bolt.* IV. pag. 40. Tab. 155.
- 40. - - ramealis Pers. *Bolt.* I. pag. 62. Tab. 39. fig. D.

Div. V. *Omphaliæ* (*Omphalomyces Batarra*).

Sp. 41. A. (O.) cochleatus β cornucopioides Pers. *Bolt.* I. pag. 26. Tab. 8.
- 42. - - farinaceus Pers. *Bolt.* II. pag. 25. Tab. 64.
- 43. - - rosellus Batsch β brevipes. *Bolt.* I. p. 64. Tab. 41. fig. A.
- 44. - - candicans Pers. *Bolt.* I. pag. 36. Tab. 17.
- 45. - - adustus β elephantinus Pers. *Bolt.* I. pag. 49. Tab. 28.
- 46. - - cyathoides Pers. *Bolt.* IV. pag. 28. Tab. 145.
- 47. - - sordidus Schrad. β rufolamellatus *Bolt.* II. p. 19. Tab. 59.
- 48. - - amethysteus Pers. *Bolt.* II. pag. 24. Tab. 63.

Div. VI. *Pleuropodes.*

Sp. 49. A. (Pl.) fornicatus Pers. *Bolt.* IV. pag. 29. Tab. 146.

Div. VII. *Crepidopodes.*

Sp. 50. A. (Cr.) mollis Pers Var. regularis. *Bolt.* II. p. 37. Tab. 71. fig. 2.
- 51. - - stypticus Pers. *Bolt.* II. pag. 38. Tab. 72. fig. 1.
- 52. - - flabelliformis Pers. *Bolt.* IV. pag. 42. Tab. 157.

Div. VIII. *Apodes.*

Sp. 53. A. (Ap.) variabilis Pers. *Bolt.* II. pag. 39. Tab. 72. fig. 2.
- 54. - - epigaeus ι planus. Pers. *Bolt.* II. pag. 39. Tab. 72. fig. 3.

Div. IX. *Resupinati.*

Div. X. *Mycenae.*

Sp. 55. A. (M.) galericulatus Pers. Var. *Bolt.* IV. pag. 39. Tab. 154.
- 56. - - tenuis *Bolt.* I. pag. 158. Tab. 37.
- 57. - - polygrammus Pers. *Bolt.* II. pag. 56. Tab. 35.
- 58. - - atro-albus Pers. *Bolt.* III. pag. 77. Tab. 137.
- 59. - - epipterygius Var. β pileo flavido Pers. *Bolt.* II. pag. 36. Tab. 71. fig. 1.

Sp. 60. A. (M.) tener β atrorufus Pers. *Bolt.* II. pag. 9. Tab. 51. fig. inf.
- 61. - - Clavus. Pers. *Bolt.* I. pag. 61. Tab. 39. fig. B.

Div. XI. *Micromphalae* (*Astrephus Leptonia Fries.* Isis 1819. Fasc. 11. p. 1748.)

Sp. 62. A. (Micr.) fimbriatus Pers. *Bolt.* II. pag. 21. Tab. 61.
- 63. - - Oniscus Fries. *Bolt.* I. p. 64. Tab. 41. fig. C.
- 64. - - androsaceus Lin. *Bolt.* I. p. 53. Tab. 32.
- 65. - - epiphyllus Fries (Isis l. c.) *Bolt.* I. pag. 61. Tab. 39. fig. A.
- 66. - - nuceus *Bolt.* II. pag. 34. Tab. 70.

Div. XII. *Lactiflui* (*Omphalomyces Galorhoeus Fries.* Obs.)

Sp. 67. A. (Lact.) piperatus Pers. *Bolt.* I. pag. 40. Tab. 21.
- 68. - - testaceus Pers. *Bolt.* IV. pag. 27. Tab. 144.
- 69. - - miniaceus *Bolt.* I. pag. 27. Tab. 9.
- 70. - - subdulcis Var. γ. innocuus Pers. *Bolt.* I. pag. 20. Tab. 3.

Sp. 71. A. (Lact.) acris Pers. *Bolt.* II. pag. 20. Tab. 60.

Div. XIII. *Pratellae* (*Pratellae et Cortinariae pleraeque Pers*).

A. Lepiotae.

Sp. 72. A. (Pr.) edulis Pers. Var. flavida *Bolt.* II. pag. 1. Tab. 45.

- 73. - - aeruginosus Pers. *Bolt.* I. pag. 51. Tab. 30.

B. Cortinariae.

a) Desmopodes.

Sp. 74. A. (Pr.) lateritius β pomposus Pers. *Bolt.* I. pag. 23. Tab. 5.

- 75. - - fascicularis Var. *a* Pers. *Bolt.* I. pag. 50. Tab. 29.

- 76. - - inopus Fries. *Bolt.* IV. p. 31. Tab. 148.

b) Leptopodes.

Sp. 77. A. (Pr.) cinnamomeus Pers. *Bolt.* IV. pag. 34. Tab. 150.

- 78. - - castaneus γ irregularis Pers. *Bolt.* I. pag. 32. Tab. 13.

- 79. - - castaneus δ erythrinus Fries. *Bolt.* I. pag. 29. Tab. 10.

c) Steropodes.

Sp. 80. A. (Pr.) ochroleucus. Pers. *Bolt.* II. pag. 30. Tab. 67. fig. 1.

d) Violascentes.

- 81. - - - violaceus Pers. *Bolt.* II. pag. 10. Tab. 52.

C.) Gymnopodes.

Sp. 82. A. (Pr.) glaucus nobis. *Bolt.* IV. pag. 25. Tab. 143.

- 83. - - personatus Fries. *Bolt.* IV. pag. 30. Tab. 147.

D. Mycenoidei.

Sp. 84. A. (Pr.) denticulatus Pers. *Bolt.* I. pag. 21. Tab. IV. fig. 1.

- 85. - - gracilis δ. cuspidatus Pers. *Bolt.* II. pag. 29. Tab. 66. fig. 2.

- 86. - - papyraceus Pers. *Bolt.* I. pag. 30. Tab. 11.

- 87. - - confertus Pers. *Bolt.* I. p. 37. Tab. 18.

E. Coprinoidei.

Sp. 88. A. (Pr.) tenax Fries. *Bolt.* II. p. 26. Tab. 65. (juvenilis) et pag. 16. Tab. 57.

Sp. 89. A. (Pr.) varius Fries. *Bolt.* II. p. 28. Tab. 66. fig. 1.

165. *Russula Link.* Hymenium lamellosum, lamellis integris. Sporidia uniseriata.

Sp. 1. R. rosacea Pers. *Bolt.* I. pag. 17. Tab. 1. fig. inf.

- 2. - cyanoxantha Pers. *Bolt.* l. c. Tab. 1. fig. sup.

166. *Coprinus Link.* Hymenium lamellosum, lamellis inaequalibus diffluentibus. *Sporidia* quadriseriata.

A. Pratelloidei.

Sp. 1. C. Boltonii Pers. *Bolt.* IV. pag. 33. Tab. 149.

- 2. - cinctulus Pers. *Bolt.* IV. pag. 37. Tab. 152.

- 3. - ciliaris Pers. *Bolt.* II. pag. 11. Tab. 53.

- 4. - extinctorius Pers. *Bolt.* I. p. 45. Tab. 24.

- 5. - plicatus Pers. (Confer commentarium in Tabulas Boltonis.) *Bolt.* I pag. 46. Tab. 25.

B. Coprini proprii (striati).

Sp. 6. - comatus Pers. *Bolt.* I. p. 68. Tab. 44.

Sp. 7. C. cinereus β. tomentosus Pers. *Bolt.* IV. pag. 41. Tab. 156.
- 8. - domesticus Pers. *Bolt.* I. pag. 47. Tab. 26.
- 9. - pullatus Fries. *Bolt.* I. pag. 39. Tab. 20.
- 10. - oblectus Pers. *Bolt.* IV. pag. 24. Tab. 142.
- 11. - ferrugineus Pers. *Bolt.* II. p. 13. Tab. 54.
- 12. - Umbraculum nobis. *Bolt.* I. pag. 52. Tab. 31.
- 13. - radiatus Pers. *Bolt.* I. pag. 62. Tab. 39. fig. C.

Anmerk. Wir müssen hier einer neuen, scharfsinnig ausgedachten, obwohl in ihrer Anwendung manchen Schwierigkeiten unterworfenen Eintheilung der artenreichen Gruppe der Blätterschwämme (*Agaricus*, *Russula* und *Coprinus* zusammen begreifend) erwähnen, nemlich: Otto, I. G., Versuch einer auf die Ordnung und den Stand der Lamellen gegründeten Anordnung und Beschreibung der *Agaricorum*. Leipzig 1816.

Herr Otto unterscheidet:

Lamellae longitudine aequales, wenn alle Blättchen vom Rande des Huts bis zum Strunck laufen;

Lamellae didymae, wenn je zwischen zwei ganz auslaufenden Blättchen ein halbirtes vom Rande des Huts ausgeht, welches, wie alle folgenden

Abwechslungen, entweder regelmässig (*regulariter didymae*), oder unregelmässig (*irregulariter didymae*), statt findet, je nachdem zwischen allen oder nur zwischen den meisten Lamellen eine halbe eingeschaltet wird;

Lamellae tridymae, zwischen je zwei ganzen Blättchen liegt ein halbirtes, und zwischen diesem und dem ganzen Blättchen seiner Seite noch ein kürzeres, mithin drey abgebrochne Blättchen zwischen zwey ganzen;

Lamellae tetradymae, zwischen zwey ganzen Blättchen findet sich ein mittleres, das nach innen abgebrochen ist und beyderseits ein halbes Blättchen hat.

In den dadurch entstehenden vier Zwischenräumen liegen noch vier kürzere, also im Ganzen sieben abgerissne Blättchen, von drey verschiedenen Längen, zwischen zwey vollständigen. Hieraus ergiebt sich folgende Anordnung:

I. Mesopodii.

Sect. I. *Lamellis longitudine aequalibus.*

1. Stipite cylindrico et conico solido.
2. Stipite cylindrico et conico cavo.

Sect. II. *Lamellis didymis.*

a) Irregulariter positis.

1. Sipite cylindrico et conico solido.
   *) Leucocephali.
   **) Erythrocephali.
   ***) Xanthocephali.
   ****) Porphyrocephali.
   *****) Chlorocephali.
2. Stipite cylindrico cavo.
   a) Coprini.

b) Arescentes.

b) Lamellis didymis regulariter positis.

1. Stipite cylindrico et conico solido, (auch nach den Farben geordnet.)
2. Stipite cylindrico cavo.

Sect. III. *Lamellis tridymis.*

a) Irregulariter positis.

A. Gymnopodes.

1. Stipite cylindrico et conico solido.
   a) Lactiflui, (nach den Farben.)
   b) Coprini. - - -
   c) Arescentes. - - -
2. Stipite cylindrico cavo.
3. Stipite bulboso solido.
4. Stipite bulboso cavo.

B. Amicti.

aa) Volvati.

1. Stipite cylindrico et conico solido.
2. Stipite bulboso solido annulato.
3. Stipite bulboso cavo nudo, Coprinus.

bb) Velati.

a) Lepiotae.

1. Stipite cylindrico et conico solido.
2. Stipite cylindrico cavo.
3. Stipite bulboso solido.
4. Stipite bulboso cavo.

b) Cortinariae.

1. Stipite cylindrico et conico solido.
2. Stipite cylindrico cavo.
3. Stipite bulboso solido.
4. Stipite bulboso cavo.

b) Regulariter positis.

A. Gymnopodes.

1. Stipite cylindrico et conico solido.
   a) Lactiflui.
   b) Coprini.
   c) Arescentes.
      *) Leucocephali.
      **) Xanthocephali.
      ***) Erythrocephali.
      ****) Phaeocephali.
2. Stipite cylindrico et conico cavo.
   a) Lactiflui.
   b) Coprini.
   c) Arescentes.
3. Stipite bulboso solido.
   a) Lactiflui.
   b) Coprini.
   c) Arescentes.
4. Stipite bulboso cavo.
   a) Lactiflui.
   b) Coprini.
   c) Arescentes.

B. Amicti.

aa) Volvati.
bb) Velati.
   a) Lepiofae.
   1. Stipite cylindrico et conico solido.
   2. Stipite cylindrico et conico cavo.
   3. Stipite bulboso solido.
      a) Coprini.
      b) Arescentes.
   4. Stipite bulboso cavo.
   b) Cortinariae.
   1. Stipite cylindrico et conico solido.

2. Stipite cylindrico cavo.
3. Stipite bulboso solido.
a) Coprini.
b) Arescentes.
4. Stipite bulboso cavo.

Sect. IV. *Lamellis tetradymis.*

a) Irregulariter positis.

A. Gymnopodes.

1. Stipite cylindrico et conico solido.
a) Lactiflui.
*) Pileo albido.
**) Pileo pallido et flavescente.
***) Pileo rubicundo, rufescente aut subspadiceo.
****) Pileo umbrino, fuligineo, nigrescente.
b) Coprini.
c) Arescentes.
2. Stipite cylindrico et conico cavo.
a) Lactiflui.
b) Coprini.
c) Arescentes.
3. Stipite bulboso solido.
4. Stipite bulboso cavo.

B. Amicti.

aa) Volvati.
1. Stipite cylindrico solido.
2. Stipite cylindrico cavo.
3. Stipite bulboso solido.
4. Stipite bulboso cavo.
bb) Velati.
a) Lepiotae.
1. Stipite cylindrico et conico solido.

2. Stipite cylindrico et conico cavo.
3. Stipite bulboso solido.
4. Stipite bulboso cavo.
b) Cortinariae.
1. Stipite cylindrico et conico solido.
2. Stipite cylindrico et conico cavo.
3. Stipite bulboso. solido.
4. Stipite bulboso cavo.

b) Lamellis tetradymis regulariter positis.

A. Gymnopodes.

1. Stipite cylindrico et conico solido.
a) Lactiflui.
b) Coprini.
c) Arescentes.
2. Stipite cylindrico cavo.
3. Stipite bulboso solido.
4. Stipite bulboso cavo.

B. Amicti.

aa) Volvati.
1. Stipite cylindrico solido.
2. Stipite cylindrico cavo.
3. Stipite bulboso solido.
4. Stipite bulboso cavo.*

bb) Velati.
a) Lepiotae.
1. Stipite cylindrico et conico solido.
a) Coprini.
b) Arescentes.
2. Stipite cylindrico cavo.
a) Coprini.
b) Arescentes.
3. Stipite bulboso solido.

4. Stipite bulboso cavo.

b) Cortinariae.

1. Stipite cylindrico solido.
2. Stipite cylindrico cavo.
3. Stipite bulboso solido.
4. Stipite bulboso cavo.

Sect. V. *Lamellis polydymis regulariter positis.*

A. Gymnopodes.

1. Stipite cylindrico et conico solido.
2. Stipite cylindrico cavo.
3. Stipite bulboso solido.
4. Stipite bulboso cavo.

B. Amicti.

aa) Volvati.

bb) Velati.

a) Lepiotae.

1. Stipite cylindrico et conico solido.
2. Stipite cylindrico cavo.
3. Stipite bulboso solido.
4. Stipite bulboso cavo.

b) Cortinariae.

II. Pleuropodii.

1. Stipite excentrico.
2. Stipite laterali.

III. Apodii.

167. *Boletus Fries.* (*Ceriomyces Batarra*, *Suillus Mich. Suilli. Pers.*) Hymenium tubulosum, separabile.

Div. I. Lepiotae.

Sp. 1. B. (L.) cortinatus Pers. *Bolt.* IV. pag. 60. Tab. 169.

Div. II. Gymnopodes.

Sp. 2. B. (G.) subtomentosus Pers. *Bolt.* II. pag. 61. Tab. 84.

- 3. - - murinus nob. *Bolt.* IV. pag. 61. Tab. 170.

- 4. - - luridus Pers. *Bolt.* II. p. 62. Tab. 85.

- 5. - - scaber Pers. *Bolt.* II. p. 63. Tab. 86.

168. *Polyporus Palisot Beauvois.* Hymenium tubulosum vel porosum, adnatum.

Div. I. *Gymnopodes* (*Peltea Fr.*)

Sp. 1. P. (G.) perennis Pers. *Bolt* II. pag. 65. Tab. 87.

Div. II. *Pleuropodes* (*Labeum Alb. et Schw.*) et

Div. III. *Crepidopodes.*

Sp. 2. P. (Pl.) frondosus Pers. *Bolt.* II. pag. 50. Tab. 76.

- 3. - - varius Pers. *Bolt.* II. p. 59. Tab. 83.

- 4. - - platyporus Pers. *Bolt.* II. pag. 51. Tab. 77.

\- 5. - - badius Pers. *Bolt.* IV. p. 59. Tab. 168.

Div. IV. *Apodes* (*Acopus Fries.*)

Sp. 6. P. (Ap.) citrinus Pers. *Bolt.* II. pag. 49. Tab. 75.

\- 7. - - hispidus Pers. *Bolt.* IV. p. 48. Tab. 161.

\- 8. - - heteroclitus Pers. *Bolt.* IV. pag. 52. Tab. 164.

\- 9. - - fumosus Pers. Var. subcarneus. *Bolt.* II. p. 52. Tab. 78.

\- 10. - - suaveolens Pers. *Bolt.* IV. pag. 49. Tab. 162.

\- 11. - - betulinus Pers. *Bolt.* IV. pag. 45. Tab. 158.

\- 12. - - fomentarius Var. δ ungulatus Pers. *Bolt.* II. pag. 55. Tab. 80.

\- 13. - - versicolor Pers. *Bolt.* II. pag. 56. Tab. 81.

Div. V. *Resupinati* (Poria Pers. Syn. Polyporus Pers. Champ. commest.)

Sp. 14. P. (R.) spongiosus Pers. *Bolt.* IV. pag. 54. Tab. 165.

\- 15. - - medulla panis Pers. *Bolt.* IV. pag. 55. Tab. 166.

Div. VI. *Cladopori* (*Polyporus* Syn. Fung.)

Adn. Genus *Favolus Palisot Beauvois* (Flore d'Oware etc.), vix rite a *Polyporo* genere separandum, *poris latis*, utplurimum *hexagonis*, discrepat. Species, quas Belvisius l. c. pingendas curavit, *apodes* sunt.

169. *Fistulina Bulliard.* (*Hypodrys Pers.* Champ. commest.) Hymenium tubulosum, adnatum, tubis discretis, in tergo subuliformibus.

Sp. 1. F. hepatica. Pers. *Bolt.* II. p. 54. Tab. 79.

170. *Daedalea Pers.* Hymenium lamelloso-alveolatum.

Sp. 1. D. quercina β nigricans Fries. *Bolt.* II. pag. 40. Tab. 73. fig. sup.
- 2. - betulina Fries. *Bolt.* IV. p. 44. Tab. 158.
- 3. - sepiaria Fries. *Bolt.* II. pag. 40. Tab. 73. fig. a b c d.
- 4. - confragosa Pers. *Bolt.* IV. pag. 47. Tab. 160.

171. *Systotrema Pers.* Hymenium poroso-lacerum.

Div. I. *Pleuropodes.*

Sp. 1. S. (Pl.) rhangiferinum. *Bolt.* III. pag. 78. Tab. 138.

Div. II. *Apodes.*

Sp. 2. S. (A.) cinereum Pers. *Bolt.* IV. pag. 51. Tab. 163.

Div. III. *Resupinata.*

Sp. 3. S. (R.) quercinum Pers. *Bolt.* IV. pag. 58. Tab. 167. fig. 2.
- 4. - - obliquum nobis. *Bolt.* II. pag. 47. Tab. 74. et IV. pag. 56. Tab. 167. fig. 1.

172. *Merulius Pers.* (*Cantharellus* Link.) Hymenium plicato-venosum.

Div. I. *Gymnopodes.*

Div. II. *Omphaliae.*

Sp. 1. M. (O.) Cantharellus Pers. *Bolt.* II. pag. 22. Tab. 62.
- 2. - - tubiformis Pers. *Bolt.* III. pag. 23. Tab. 105. fig. 2.
- 3. - - cinereus Pers. *Bolt.* I. p. 55. Tab. 34.
- 4. - - cornucopioides Pers. *Bolt.* III. pag. 20. Tab. 103.

Div. III. *Pleuropodes* et *Apodes.*

Div. IV. *Resupinati* (*Xylophagus Link, Steropa Fries.*)

Sp. 5. M. (R.) lobatus Pers. *Bolt.* IV. p. 71. Tab. 177.

Div. V. *Gomphi.*

173. *Mesenterica Tode* (*Merulius* ***** *Mesenterica Fries.*) Hymenium venoso-reticulatum, serpens, liberum. *Pileus* nullus.

174. ***Hydnum Pers.*** Hymenium subulatum.

Div. I. *Gymnopodes.*

Sp. 1. H. (G.) medium Pers. *Bolt.* II. pag. 66. Tab. 88.
- - - - rufescens Pers. *Bolt.* II. pag. 67. Tab. 89.

Div. II. *Omphalia.*

Div. III. *Mycenae.*

Sp. 2. H. (M.) auriscalpium Pers. *Bolt.* II. pag. 68. Tab. 90.

Div. IV. *Apoda.*

Div. V. *Resupinata* (*Odontia* Pers.)

175. *Porothelium Fries* (Obs. Myc. II. pag. 272.) Hymenium papillosum, papillis depresso-porosis.

176. *Phyllacteria Pers.* (Champ. commest. pag. 43.) Hymenium papilloso-apiculatum, apiculis in quadrata dispositis.

177. *Thelephora Pers.* Hymenium verrucosum vel explanatum, glabrum.

Div. I. *Omphaliae.*

Div. II. *Pleuropodes.*

Sp. 1. Th. (Pl.) terrestris Pers. *Bolt.* IV. pag. 66. Tab. 173.

Div. III. *Apodes* (*Otites Fries.*)

Sp. 2. Th. (Ap.) hirsuta β Pers. *Bolt.* II. pag. 57. Tab. 82.

Div. IV. *Resupinatae* (*Corticium* Pers.)

178. *Coniophora Decand.* (Suppl.) Hymenium laxum, stalactitico-verrucosum, pulverulentum.

Adn. Genus *Hypochnus* Fries (Obs. M. II. p. 278.) nonnullas species alit, quae huic aptius adderes.

179. *Stereum Link.* (*Auricularia Pers.* Champ. commest.) Hymenium e floccis emergentibus *ascigenis* pubescens.

Sp. St. ferrugineum Link. *Bolt.* IV. pag. 67. Tab. 174.

B. c) Pistillares.

180. *Batarrea Pers.* *Capitulum* stipitatum,

siccum, vertice in floccos *sporigeros* fatiscens. *Involucrum* triplex, mucifluum.

Adn. *Dendromyces Liboschütz*. vix distinguendus.

181. *Hymenophallus N. ab E.* Hymenium deliquescens. *Capitulum* inferne indusiatum. Stipes involucratus.

182. *Dictyophora Desvaux*. Hymenium deliquescens. *Capitulum* inferne nudum. *Stipes* involucratus *annuloque* retiformi indutus.

Adn. Hujus loci est *Phallus indusiatus Vent.*

183. *Phallus Pers.* Hymenium deliquescens. *Capitulum* inferne nudum. *Stipes* involucratus.

Sp. Ph. impudicus Pers. *Bolt.* II. p. 71. Tab. 92.

184. *Clathrus Pers.* Hymenium deliquescens. Capitulum trabibus arcuatis cancellatum, sessile, involucratum.

B. d) Calycini.

185. *Rhizine Fries* (Obs. Myc. I. pag. 161 - Ehrenb. Sylv. Ber. pag. 18. — *Helvella acaulis* Pers.) *Cupula* hemisphaerica, subtus concava, e margine radicans. *Asci* erecti, fixi.

186. *Peziza Pers. Cupuliformis* vel explanata. *Asci* erecti, fixi.

1) Sessiles.

a) *Siccae* (*Patellaria* Pers. *Dermeae* Fr. *Volutella* Tode. Fung. Meckl. Fasc. 1. pag. 29. Tab. VI. fig. 44.)

b) *Carnosae, glabrae* (*Phialae* Fr.)

c) *Carnosae, villosae* (*Lachneae* Fr.)

Sp. 1. P. coerulea Pers. *Bolt.* III. pag. 28. Tab. 108. fig. 2.

- 2. - stercorea Pers. *Bolt.* III. p. 27. Tab. 108. fig. 1.

d) *Carnosae, pruinosae* (*Aleuriae* Fr. *Helvelloideae* Pers.)

Sp. 3. - aurantia Pers. *Bolt.* III. pag. 14. Tab. 100.

- 4. - badia Pers. *Bolt.* III. pag. 13. Tab. 99. fig. b.

- 5. - badia β truncigena Pers. l. c. *Bolt.* III. pag. 13. Tab. 99. fig. a.

- 6. - Marsupium β pyxidata Pers. *Bolt.* IV. pag. 69. Tab. 175.

2. Stipitatae.

a) *Siccae.*

b) *Carnosae, villosae.* (*Lachneae* Fr.)

c) *Carnosae, floccosae.* (*Aleuriae Fr.*)

Sp. 7. - coccinea Pers. *Bolt.* III. p. 21. Tab. 104.

- 8. - macropus Pers. *Bolt.* III. p. 9. Tab. 96.

d) *Glabrae* (*Hymenoscyphi. Phialae* Fr.)

Sp. 9. P. firma Pers. *Bolt.* III. pag. 23. Tab. 105. fig. 1.

- 10. - Fibula Pers. *Bolt.* IV. pag. 70. Tab. 176.

- 11. - Tuba Pers. *Bolt.* III. pag. 24. Tab. 106. fig. 1.

- 12. - serotina Pers. *Bolt.* III. pag. 12. Tab. 98. fig. 2.

- 13. - radiata Pers. *Bolt.* III. p. 25. Tab. 106. fig. 2.

- 14. - humosa Fries. *Bolt.* III. pag. 15. Tab. 101. fig. 1.

187. *Ascobolus Pers.* Cupula conica vel explanata. *Asci* erumpentes.

Sp. A. furfuraceus Pers. *Bolt.* III. pag. 29. Tab. 109. fig. 2.

188. *Sterebeekia Fries* (Obs. myc. II. pag. 313. — *Peziza coriacea* Bull. — *Pez. patellaria* Pers. et aliae). *Cupulaeformis*, disco pulverulento ex ascorum dissolutione.

Adn. Conferatur *Tympanis* Tode (Fung. Meckl. Fasc. I. pag. 23. Tab. IV. fig. 37.) Discus epiphragmate clausus, pulvis sat copiosus.

189. *Stictis Pers.* Hymenium nudum, immersum, cupula nulla. *Asci* erecti, fixi.

Adn. De *Soleniae Pers.* loco naturali nihil certi constat.

Familia 4. *Medullares* seu *theci̇geri.*

Sporidia nuda, mucosa, thecisve recepta, — tum Asci, perithecio inclusi, erecti, in mucum diffluentes.

A. *Sporidiis nudis mucosis.*

a) *Peritheciis late aperiundis.*

190. *Schizoderma Ehrenb.* (Sylv. myc. p. 27.) *Perithecium* orbiculare, parte superiore rejecta discoideum. *Sporidia* disco mucilaginoso recepta.

b) *Peritheciis clausis ostiolove pertusis.*

191. *Actinothyrium Kunze* (*Deutschl. Schwämme* 8. *Lieferung No.* CLXXXIII.) *Perithecium* scutiforme, radiato-fibrosum. *Sporidia tecta*, fusiformia.

Obs. *Actinothyrium*, genus memorabile, *Leptostromatis* felicior evolutio est optimeque conjungit *Scleromycetes Myelomycetibus.*

192. *Phyllosticta Pers.* (Champ. commest. p. 147. *Sphaeriae primordiales* nobis. N. Acta Acad. C. N. C. Vol. IX. p. 260. Tab. VI. fig. 22.) *Perithecia* in macula pallida limbata parasitica, clausa, punctiformia.

193. *Sphaeronema Fries* (Obs. myc. I. p. 187. Tab. II. fig. 6. 7. 8. — *Sphaeriae globiferae*

Tode.) *Perithecium* subcylindricum. *Sporidia* in globulum mucosum apicis erumpentia.

194. *Thelebolus Tode.* Perithecium duplex, exterius ventricosum, interius globosum, papillaeforme, clausum, ore excutiens *Sporidia* mucosa, inclusa.

195. *Atractobolus Tode* (Fung. Meckl. I. pag. 45. Tab. VII. fig. 59.) Perithecium duplex, exterius cupulaeforme, operculatum, interius oblongum, clausum, ex fundo cupulae prosiliens. *Sporidia* mucosa, inclusa.

196. *Cytospora Ehrenb.* (Sylv. myc. p. 28. — *Sphaeriae medullares* nobis, Nov. Acta Acad. C. N. C. Vol. IX. pag. 261. Tab. VI. fig. 23.) — *Sphaeriae multae* et *Nemasporae* omnes receptaculo sphaeriaeformi Pers.) Perithecium ostiolo instructum. *Sporidiorum* massa erumpens, saepe gyrosa vel cirrhosa.

197. *Nemaspora N. ab E.* (*Nemasporae* receptaculo destitutae Pers.) Perithecium nullum, nisi cellulae lignorum emortuorum. *Sporidia* nuda, mucosa, in cirrhos prodeuntia.

B. *Sporidiis thecatis ascisque receptis.*

a) *Peritheciis late aperiundis.*

198. *Placuntium Ehrenb.* (Sylv. myc. p. 29.)

Perithecium suborbiculare, parte superiore demum exesa discoideum. *Asci* discoidales, erecti, fixi.

199. *Stegia Fries* (Obs. myc. II. pag. 357. Tab. VIII. fig. 2.) Perithecium operculatum, cupulaeforme. *Discus* (Asci?) carnulosus.

Adn. *Sphaeria ostracea Sowerby* Tab. 375. fig. 9., ad *Stegiam* accedens, forte, diversum *genus*, huc inserendum. *Perithecium* conchaeforme, operculatum. *Discus* solidus.

200. *Phacidium Fries* (Obs. myc. I. p. 167. — *Schmidt*, in *Schmidt et Kunze* Myc. H. I. pag. 19. Tab. 2.) Perithecia varia, a centro radiatim dehiscentia, margine dentato vel lobato. *Asci* in fundo fixi, erecti.

Sp. Ph. coronatum Kunze. *Bolt.* III. pag. 28. Tab. 109. fig. 1.

201. *Tryblidium Rebentisch* (Fl. Neom. — *Ehrenb.* Hor. Ber. pag. 101. Tab. XX. fig. XVII.) *Perithecium* depressum, rimis radiantibus dehiscens. *Asci* in fundo fixi.

Adn. Genus *Actidium Fries* (Obs. myc. I. pag. 190. Tab. III. fig. 1.) a *Tryblidiis* vix nisi rimis arctius contiguis clausisque distinguendum.

202. *Hysterium Pers.* (Ehrenb. l. c.) *Perithecium rima* unica longitudinali dehiscens. *Asci* in fundo fixi.

Sp. H. Fraxini Pers. *Bolt.* III. pag. 52. Tab. 124.

203. *Solenarium Sprengel* (Pugill. pl. I. pag. 66. — *Kunze Myc. H.* I. p. 45. Tab. II. fig. 22.) Perithecium ramoso-compositum, in stromate fibroso repens, *rima* longitudinali *ramosa* dehiscens. *Asci* in fundo fixi.

204. *Scaphophorum Ehrenb.* (Hor. Ber. l. c. — *Schizophyllus Fries.* — *Merulius* Link. — *Agaricus alneus* Pers.) Perithecia ramoso-furcata, cum *stromate* flocoso dimidiato surgentia, rima longitudinali ramosa divisa. *Asci* superficiales, labiis revolutis et contiguis *demum occlusa*.

b) *Peritheciis clausis vel ostiolo perforatis.*

205. *Polystigma Dec.* (Mem. du Mus. Vol. 3. — Pers. Champ comm. pag. 145.) Perithecia nulla. *Stroma* explanatum, in foliis parasiticum, concameratum. *Asci* in cellulis stromatis, perithecia simulantibus, fixa, erecta.

Adn. Hujus loci *Sphaeria hyetospilus Mart.* (N. Acta. A. C. N. C. Vol. IX. Tab. VI. fig. 21.), *Polystigma rubrum* Pers. aetate provecta exhibens.

206. *Lophium Fries* (Obs. Myc. I. pag. 191 — *Sphaeriae platystomae* Pers.) *Perithecii ostiolo compressiusculo*, apertura rimaeformi labiata. *Asci* in fundo erecti, fixi.

207. *Ceratostoma Fries* (Obs. Myc. II. pag. 337. — *Sphaeriae rostratae* Pers. — *Ceratospermum* Michelii.) Perithecia libera vel stromati innata, ostiolis elongatis, apertura punctiformi. *Asci* in fundo divergentes, diffluentes.

Adn. Genus *Corynella Fries* (Obs. Myc. II. pag. 343. Tab. VIII. fig. 1. — *Sphaeria turbinata* Pers.) est *Ceratostomatis* species *substrata*, ostiolis maximis crassis lagenaeformibus.

208. *Sphaeria Fries* (Obs. Myc. II. p. 318.) Perithecia libera vel stromati vario innata, ostiolis nudis vel papillaribus, apertura punctiformi. *Asci* in fundo divergentes, diffluentes.

Div. I. *Liberae.*

a. *Subcutaneae.*

b. *Emergentes.*

Sp. 1. Sph. spermoides Hoffm. *Bolt.* III. pag. 50. Tab. 122. fig. 2.

- 2. - sanguinea Pers. (nec. Autorr.) *Bolt.* III. pag. 49. Tab. 121. fig. 1.

Obs. *Vermicularia* genus Tode (Fung. Meckl. Fasc. 1. pag. 31. Tab. VI. fig. 46, 47 et 48) est ex harum tribu, nec *Pustulariae* pleraeque Persoonianae (gen. ined.) multum discrepare videntur.

Div. II. *Impositae* (Caespitosae Pers. Syn. - Epistromatae Champ. commest.)

Sp. 3. Sph. coccinea Pers. *Bolt.* III. p. 46. Tab. 120. fig. 1.

Div. III. *Conniventes.*

Div. IV. *Immersae* (Compositae Pers Syn. - Hypoxylon Champ. comm. - Pulvinariae species Ehrenb.)

Sp. 4. Sph. bullata Pers. *Bolt.* III. p. 49. Tab. 122. fig. 1.

- 5. - deusta Pers. *Bolt.* IV. p. 78. Tab. 181.

Div. V. *Periphericae.*

a) *Pulvinariae* Ehrenb. (*Hypoxyli* Pers. Species.)

Sp. 6. Sph. fusca Pers. *Bolt.* III. p. 51. Tab. 123. fig. super.

- 7. - melogramma Pers? *Bolt.* III. pag. 53. Tab. 125.

- 8. - argillacea Pers. *Bolt.* III. pag. 51. Tab. 123. fig. inf.

- 9. - concentrica Pers. *Bolt.* IV. pag. 76. Tab. 180.

b) *Cyathodeae* (Poronia Willd. - Pers. Champ. commest. - Fries.)

Sp. 10. Sph. Poronia Pers. *Bolt.* III. p. 56. Tab. 127. fig. inf.

c) *Clavatae* (*Cordylia* Fries. *Xylaria* Pers.)

Sp. 11. - riccioides nob. *Bolt.* IV. pag. 79. Tab. 182.

- 12. - militaris Pers. *Bolt.* III. pag. 58. Tab. 128.

- 13. - capitata β agariciformis Pers. *Bolt.* III. p. 61. Tab. 130.

- 14. - Hypoxylon Pers. *Bolt.* III. pag. 59. Tab. 129.

209. *Thamnomyces Ehrenb.* (Hor. Berol. pag. 79. Tab. XVII. fig. 1.) Perithecia e basi fruticuliformi ramosa elata, terminalia, ostiolis papillaribus pertusis. *Thecae* nudae, sporigerae, intus adnatae, sessiles.

Obs. 1. Ob habitum longe perfectiorem huc retuli, tametsi structura interna peritheciorum praecedentibus paullo inferior videatur. Caeterum *Thamnomyces* inter *Sphaerias* est, - sicuti *Solenarium Sprengelii* inter *Hysteria*, — spectrum caulis nocturnum, a peritheciis in orbem emissum.

Obs. 2. *Rhizomorpha* genus, si quod aliud dubiis vexatum, acutissimis *Ehrenbergii* observationibus, loco citato descriptis, summa, quoad faciem externam, *Thamnomycetibus* quibusdam affinitate jungitur, ut stroma, per se quidem plerumque sterile, ejusdem generis lubenter crederem. — Conf. de his *Fr. Nees ab Esenbeck Rad. pl. mycetoid.* p. 17. Nota.

Adn. *Aphotistus* et *Gymnoderma*, genera a *Humboldtio*, inclytissimo viro, in Fl. Frib. primum constituta, nisi forte aliorum fungorum tantum primordia, nobis saltem obscuriora videbantur, quam quae in reliquorum serie justo loco reponere ausi simus.

TABULARUM TOTIUS OPERIS EXPLICATIO ET SYNONYMA.

Tab. 1. fig. sup. Agaricus integer Bolt.

Agaricus (*Russula*) *cyanoxanthus*; pileo depresso caesio, disco expallido supurpurascente, lamellis candidis. Pers. Syn. F. p. 445. — Alb. Schw. Consp. F. p. 214. — Mart. Fl. Erl. p. 425. — *Syn. Gen. p.* LXXXVIII. *)

Ic. Schaeff. Fung. Bav. Tab. 93.

Tab. 1. fig. inf. Agaricus. integer Bolt.

Agaricus (*Russula*) *rosaceus*; pileo convexoplano sublaevi roseo seu dilute rubro, lamellis stipiteque albis. Pers. Syn. F. p. 439. — Alb. Schw. Consp. F. p. 212. — Mart. Fl. Erl. p. 424. — *Syn. Gen. p.* LXXXVIII.

*) Hoc titulo citabimus Synopsin generum plantarum mycetoidearum, ad calcem praefationis huic Volumini opera Fratris annexam.

8

Tab. 2. Agaricus latus Bolt.

Agaricus (*Gymnopus*) *Pluteus* var. *latus* nobis; Fries. — Isis 1817. Heft 11. p. 1747. (Conf. Bolt. Tab 69.) — *Syn. Gen. p.* LXXXI.

Tab. 3. Agaricus lactifluus Bolt.

Agaricus (*Lactifluus*) *subdulcis* γ *innocuus*; pileo subdepresso ruguloso obscure cinamomeo, lamellis ferrugineis nitidis, stipite longiusculo. Pers. Syn. F. p. 434. — Alb. Schw. Consp. F. p. 210. — Mart. Fl. Erl. p. 433. — *Syn. Gen. p.* LXXXV.
Ic. Batsch. Elench. F. fig. 69.

Tab. 4. fig. 1. Agaricus denticulatus Bolt.

Agaricus (*Pratella*) *denticulatus*; subaquosus, tenuis, pileo hemisphaerico purpureo-livido, lamellis margine dentatis, stipite fistuloso fuscescente. Pers. Syn. F. p. 423. — *Syn. Gen. p.* LXXXVII.

Tab. 4. fig. 2. Agaricus eburneus Bolt.

Agaricus (*Gymnopus*) *Michelianus*; albus, pileo subcarnoso planiusculo sicco laevi glabro, lamellis subconfertis, stipite farcto aequali brevi glabro. Fr. Obs. myc. P. II. p. 146. — *Syn. Gen. p.* LXXXII.
Ic. Fungus pratensis parvus albidus. Mich. Gen. Tab. 74. fig. 3.

Tab. 5. Agaricus pomposus Bolt.

Agaricus (*Pratella*) *lateritius;* caespitosus, magnus, pileo carnoso subviscoso lateritio, margine flavescente, lamellis distinctis subnebulosis virescenti-cinereis, stipite longo subsolido, annullo fugaci nigrescente. Var. β pomposus. Pers. Syn. F. p. 421. — *Syn. Gen. p.* LXXXVI.

Ic. Schaeff. Fung. Bav. Tab. 49. fig. 5 - 6.

Tab. 6. Agaricus repandus Bolt.

Agaricus (*Gymnopus*) *rhodopolius;* pileo carnoso planiusculo laevi isabellino-livido, lamellis adnatis incarnatis, stipite cavo aequali glabro albo. Fr. Obs. myc. Pars II. p. 103. — A. flexuosus Schum. Saell. II. p. 276. — *Syn. Gen. p.* LXXXII.

Ic. Ag. hydrogrammus Bull. Tab. 564. fig. C. D. E.

Tab. 7. Agaricus cristatus Bolt.

Agaricus (*Lepiota*) *colubrinus* γ *cristatus;* parvus, pileo campanulato albido, disco squamisque ferrugineis, lamellis liberis candidis, stipite breviusculo cavo subrufescente glabro, annulo fugaci. Pers. Syn. Fung. p. 259. — Alb. Schw. Consp. F. p. 145. — *Syn. Gen. p.* LXXX.

Ic. Schaeff. Fung. Bav. Tab. 242. fig. 1.

Tab. 8. Agaricus cornucopioides Bolt.

Agaricus (*Omphalia*) *cochleatus* β *cornucopioides* Pers. Syn. Fung. p. 450. (ex Bolt.) — Alb. Schw. Consp. F. p. 218. — *Syn. Gen. p.* LXXXIII.

Tab. 9. Agaricus deliciosus Bolt.

Agaricus (*Lactifluus*) *miniaceus nobis;* pileo subangusto aurantiaco, lamellis pallidis subdecurrentibus, stipite longo. — Ag. (Lactifluus) testaceus var. Pers. Syn. F. p. 432. — *Syn. Gen. p.* LXXXV.

Tab. 10. Agaricus castaneus Bolt.

Agaricus (*Cortinaria*) *castaneus* δ *erythrinus;* pileo convexo subobtuso badio-rubro regulari, lamellis demum cinnamomeis, stipite candido apice subviolaceo. Fr. Obs. myc. Pars II. p. 44. — Pers. Syn. F. p. 298. — *Syn. Gen. p.* LXXXVI.

Tab. 11. Agaricus membranaceus Bolt.

Agaricus (*Pratella*) *papyraceus* Pers. Syn. Fung. p. 425. (ex Bolt.) — *Syn. Gen. p.* LXXXVII.

Ic. Schaeff. Fung. Bav. Tab. 205.

Tab. 12. Agaricus coeruleus Bolt.

Agaricus (*Gymnopus*) *viridis;* pileo carnoso

glabro viridi, lamellis stipiteque longo solido albis. Pers. Syn. Fung. p. 324. — *Syn. Gen. p.* LXXXII.

Tab. 13. Agaricus irregularis Bolt.

Agaricus (Pratella) pascuus; subsolitarius, pileo submembranaceo nitido, ab initio conico dein dilatato subflexuoso umbrino subnigrescente, lamellis latiusculis incarnato-rufis. Pers. Syn. Fung. p. 427. — Alb. Schw. Consp. F. p. 207. — Ag. (*Cortinaria*) *castaneus* γ irregularis Fr. Obs. myc. Pars II. p. 43. — *Syn. Gen. p.* LXXXVI.

Tab. 14. Agaricus serratus Bolt.

Agaricus (Gymnopus) serratus; pileo convexo obscure violaceo, lamellis serratis stipiteque aurantio-flavis. — *Syn. Gen. p.* LXXXII.

Adn. Definitio, a Boltone exhibita, male congruit cum descriptione et icone nitidisima.

Tab. 15. Agaricus concinnus Bolt.

Agaricus (Gymnopus) Pluteus var. *rigens;* pileo subcarnoso fragili planiusculo cinereo, disco squamuloso, lamellis liberis latiusculis, stipite tenui cavo subfibrilloso albicante, fibrillulis nigricantibus. Pers. Syn. Fung. p. 357. — Alb. Schw. Consp. F. p. 180. — Ag. (Pratella) Pluteus Mart. Fl. Erl. p. 441. — *Syn. Gen. p.* LXXXI.

Ic. Schaeff. Fung. Bav. Tab. 10.

Tab. 16. Agaricus elasticus Bolt.

Videtur status juvenilis Agarici (Lepiotae) polymycis var. pallidae, in Tabula CXXXVI exhibitae. — Schaeff. Fung. Bav. Tab. 62. huc etiam referenda. — *Syn. Gen. p.* LXXX.

Tab. 17. Agaricus umbilicatus Bolt.

Agaricus (Omphalia) candicans; totus elasticus, albo nitens, pileo umbilicato laevissimo, primo convexo. Pers. Syn. Fung. p. 456. — Ag. umbilicalis Schr. Spic. p. 122. — Ag. (Omphalia) candicans Alb. Schw. p. 219. — Mart. Fl. Erl. p. 418. — Fr. Obs. myc. Pars I. p. 77. — *Syn. Gen. p.* LXXXIII.

Ic. Schaeff. Fung. Bav. Tab. 39.

Tab. 18. Agaricus confertus Bolt.

Agaricus (Pratella) confertus. Pers. Syn. Fung. p. 426. (ex. Bolt.) — Ag. callosus Fr. Obs. myc. Pars II. p. 180. — *Syn. Gen. p.* LXXXVII.

Tab. 19. Agaricus laricinus Bolt.

Agaricus (*Lepiota*) *laricinus;* caespitosus, pileo subcarnoso obtuse umbonato fulvo-cinnamomeo, lamellis subdecurrentibus lutescentibus, stipite glabro crassissimo cylindrico, annulo contiguo.

Locus post Ag. (Lepiotam) caudicinum Pers., a quo praecipue stipite glabro crassissimoque differt. Non admittere eum non potuimus, licet speciem status immaturi prae se ferat, propterea quod Autor, se hanc speciem per plures annos constantem sibi observasse, affirmat. — *Syn. Gen. p.* LXXX.

Tab. 20. Agaricus pullatus Bolt.

Agaricus (*Coprinus*) *pullatus;* stipitatus, pileo campanulato plicato atro, stipite longo basi ventricoso albido. Fr. Obs. myc. Pars II. p. 187. — Ag. (Coprinus) cinereus γ pullatus Pers. Syn. Fung. p. 399. — *Syn. Gen. p.* LXXXIX.

Tab. 21. Agaricus piperatus Bolt.

Agaricus (*Lactifluus*) *piperatus;* pileo infundibuliformi margine expanso glabro albido, lamellis congestis furcatis candidis pallescentibus. — Pers. Syn. F. p. 429. —

Pers. Champ. comm. p. 218. — Alb. Schw. Consp. F. p. 208. — Mart. Fl. Erl. p. 432. — *Syn. Gen. p.* LXXXV.
Ic. Schaeff. Fung. Bav. Tab. 83.

Tab. 22. Agaricus pseudocinnamomeus Bolt.

Agaricus (*Gymnopus*) *pratensis α ficoides* var. major. Fr. Obs. myc. Pars II. p. 116. (Conf. Tab. 56.) — *Syn. Gen. p.* LXXXI.

Tab. 23. Agaricus annulatus Bolt.

Agaricus (*Lepiota*) *procerus;* magnus, pileo carnoso umbonato squamoso rufescente-cinereo, lamellis ramosissimis albidis, stipite bulboso longissimo, annulo mobili. Pers. Syn. Fung. p. 257. Champ. comm. p. 187. — Alb. Schw. Consp. F. p. 145. — Ag. (Amanita) procerus Mart. Fl. Erl. p. 406. — *Syn. Gen. p.* LXXX.
Ic. Schaeff. Fung. Bav. Tab. 22 et 23.

Tab. 24. Agaricus extinctorius Bolt.

Agaricus (*Coprinus*) *extinctorius* Pers. Syn. Fung. p. 417. (ex Bolt.) — Ag. Amanita Schum., secundum Fr. Obs. myc. Pars II. p. 174. — *Syn. Gen. p.* LXXXVIII.

Tab. 25. Agaricus luridus Bolt.

Agaricus (*Coprinus*) *plicatus*; caespitosus, pileo campanulato plicato fuscescente apice squamuloso margine demum revoluto, lamellis confertis latis primo purpurascenti-fuscis pruinatis. Pers. Syn. Fung. p. 396. Comment. p. 28. — *Syn. Gen. p.* LXXXVIII.

Ic. Schaeff. Fung. Bav. Tab. 68.

Adn. Agarici (Coprini) plicati nomine plures species confundi videntur et plura synonyma, ad hanc speciem adducta, majori jure ad Ag. ferrugineum referres. Icon, a Boltone exhibita, fungum, qualem eundem Schaeffer Tab. 68, late et obiter plicatum (repandum diceres,) exhibet; congruit itaque cum Ag. ovato Curt. Fl. Lond, neque adeo cum Ag. striato, plicato etc. Ligthf. Flor. Scot., qui cum Ag. striato Bolt. Tab. 54. a nobis Ag. (Coprino) ferrugineo adscribitur.

Tab. 26. Agaricus domesticus Bolt.

Agaricus (*Coprinus*) *domesticus*; pileo campanulato obtuso undulato sulcato fuligineo, squamulis furfuraceis, lamellis confertis linearibus primo caesio-rubris dein brunneis nigricantibus. Pers. Syn. Fung. p. 404. — Alb. Schw. Consp. F. p. 200. — *Syn. Gen. p.* LXXXIX.

Tab. 27. Agaricus muscarius Bolt.

Amanita muscaria; pileo aurantio-rubro nitido planiusculo, verrucis lamellis stipiteque candidis. Pers. Syn. Fung. p. 253. Champ. comm. p. 175. — Alb. Schw. Consp. F. p. 143. — *Syn. Gen. p.* LXXIX.

Ic. Schaeff. Fung. Bav. Tab. 27 et 28.

Tab. 28. Agaricus elephantinus Bolt.

Agaricus (Omphalia) adustus; majusculus, pileo carnoso depresso olivaceo-cinereo demum nigrescente adusto, lamellis crassis pallescente albis, stipite solido breviusculo cinereo. *β elephantinus* Pers. Syn. Fung. p. 459. — Alb. Schw. p. 220. — Fr. Obs. myc. Pars I. p. 78. — *Syn. Gen. p.* LXXXIII.

Tab. 29. Agaricus fascicularis Bolt.

Agaricus (Pratella) fascicularis α minor; caespitosus, pileo subcarnoso umbonato ochraceo, lamellis nebulosis virescentibus, stipite cavo tenui, cortina pilosa

nigrescente. Pers. Syn. Fung. p. 421. — Alb. Schw. Consp. F. p. 206. — Mart. Fl. Erl. p. 436. — *Syn. Gen. p.* LXXXVI.
Ic. Schaeff. Fung. Bav. Tab. 49.

Tab. 30. Agaricus politus Bolt.

Agaricus (Pratella) aeruginosus; pileo carnoso glutinoso aeruginoso exsiccatione flavescente, lamellis planis adnexis purpurascentibus fusco variegatis, stipite squamoso, annulo fugaci. Pers. Syn. Fung. p. 419. — Alb. Schw. Consp. F. p. 205. — *Syn. Gen. p.* LXXXVI.
Ic. Schaeff. Fung. Bav. Tab. 1.

Tab. 31. Agaricus campanulatus Bolt.

Agaricus (Coprinus) Umbraculum nobis; pileo campanulato plicato ferrugineo pellucido, lamellis angustis distantibus griseis, stipite longo gracili basi bulboso lamellis concolore. — *Syn. Gen. p.* LXXXIX.
Ic. Schaeff. Fung. Bav. Tab. 32.
Conf. Ag. (Coprinus) macropus Pers. Syn. F. p. 402.

Tab. 32. Agaricus androsaceus Bolt.

Agaricus androsaceus Lin; pileo convexo plicato, lamellis stipiti adnatis simplicibus, stipite fistuloso sulcato glaberrimo nigro.

Fries, Isis 1819, Heft 11. p. 1748. (Ag. Astrephus Leptonia androsaceus.) - Bulla pedunculo ligneo Batarr. Tab. 272. Fungus pedunculo nigro Bocc. Mus. Tab. 104. — Ag. epiphyllus Bull. Tab. 569. fig. 3. — Ag. androsaceus Lin. Fl. Suec. 1193. Scop. p. 457. Flor. Dan. Tab. 1551 fig. 2. — *Syn. Gen. p.* LXXXV.

Tab. 33. Agaricus plumosus Bolt.

Agaricus (Gymnopus) plumosus Pers. Syn. Fung. p. 347. (ex. Bolt.) — *Syn. Gen. p.* LXXXII.

Tab. 34. Agaricus infundibuliformis Bolt.

Merulius cinereus; caespitosus, pileo subinfundibuliformi squamuloso nigrescente, plicis cinereis nitidis, stipite cavo nigrescente. Pers. Syn. Fung. p. 490. — Ag. Hydropipes Schr. Spicil. p. 135. — M. cinereus Alb. Schw. Consp. F. p. 234. — Fr. Obs. myc. Pars I. p. 98. — *Syn. Gen. p.* XCIX.

Tab. 35. Agaricus fissus Bolt.

Agaricus (Mycena) polygrammus; solitarius, terrestris, pileo campanulato umbonato subcinereo, stipite caudato longitudinaliter striato argenteo - caesio. Pers. Syn. Fung. p. 377. — Alb. Schw. Consp. F. p. 191. — Fr. Obs. myc. Pars II. p. 160. — *Syn. Gen. p.* LXXXIV.

Tab. 36. Agaricus rubens Bolt.

Agaricus (Gymnopus) ionides Bull; pileo carnoso primo campanulato demum depresso stipiteque solido rubris, lamellis subarcuatis candidis aut sublutescentibus. Pers. Syn. Fung. p. 338. (?) — *Syn. Gen. p.* LXXXII.

Tab. 37. Agaricus tenuis (procerus) Bolt.

Agaricus (Mycena) tenuis Fr. Obs. myc. Pars II. p. 158. (tanquam var. Ag. galericulati.) — *Syn. Gen. p.* LXXXIV.

Tab. 38. Agaricus trilobus Bolt.

Amanita fulva; pileo planiusculo glabro striato volvaque fulvis, lamellis stipiteque fistuloso nudo pallidis. Fr. Obs. Myc. Pars I. p. 2. — Pers. Champ. comm. p. 184. — Amanita spadicea β fulva Pers. Syn. F. p. 248. — Alb. Schw. Consp. F. p. 141. — *Syn. Gen. p.* LXXX.

Ic. Schaeff. Fung. Bav. Tab. 95.

Tab. 39 A. Agaricus umbelliferus Bolt.

Agaricus epiphyllus; pileo planiusculo ruguloso, lamellis adnatis paucis venosis, stipite subtiliter fistuloso subtiliter velutino deorsum spadiceo. Fries, Isis 1819, Heft. 11. p. 1749. Bull anarcissiformis Batarr. Tab. 28. fig. D. — A. Squamula Batsch. — Sow. Tab. 92. — A. rugatus Fl. Dan. Tab. 1194. fig. 1. — A. lacteus Bull. Tab. 601. fig. E. — Ag. epiphyllus Pers. Syn. F. p. 468. quoad partem. — A. saccharinus Batsch. — *Syn. Gen. p.* LXXXV.

Tab. 39 B. Agaricus clavus Bolt.

Agaricus (Mycena) clavus; gregarius, minutus, pileo subcarnoso papillato aurantio aut rubescente, lamellis latiusculis stipiteque tenui albis. Pers. Syn. Fung. p. 392. — *Syn. Gen. p.* LXXXV.

Tab. 39 C. Agaricus radiatus Bolt.

Agaricus (Coprinus) radiatus; minutissimus, griseus, fugax, pileo demum planiusculo radiato fisso, disco ochraceo, lamellis distantibus, stipite filiformi. Pers. Syn. Fung. p. 407. — Alb. Schw. p. 200. — *Syn. Gen. p.* LXXXIX.

Tab. 39 D. Agaricus candidus Bolt.

Agaricus (*Gymnopus*) *ramealis;* gregarius, parvus, subpersistens, pileo subcarnoso hemisphaerico albido, disco (demum) rufescente, lamellis angustis confertis, stipite incurvo pulveraceo. Pers. Syn. Fung. p. 375. Obs. myc. Pars. 1. p. 45. — Ag. candidus Schr. Spic. p. 126. — Ag. ramealis Alb. Schw. Consp. F. p. 190. — Mart. Flor. Erl. p. 348. — *Syn. Gen. p.* LXXXIII.

Tab. 40. Agaricus mollis Bolt.

Agaricus (*Gymnopus*) *nebularis;* gregarius, firmus, pileo pulvinato umbonato cinereo-livido, lamellis confertis subdecurrentibus pallescente-albis, stipite solido subbulboso cinereo-albido. Pers. Syn. Fung. p. 349. — Alb. Schw. Consp. F. p. 176. — Ag. (Pratella) nebularis Mart. Flor. Erl. p. 435. — Agaric pileolaire Pers. Champ. comm. p. 213. — *Syn. Gen. p.* LXXXII.

Tab. 41 A. Agaricus tortilis Bolt.

Agaricus (*Omphalia*) *rosellus Batsch;* gregarius (minor), pileo umbilicato substriato glabro ochraceo-rubro, lamellis stipiteque torto incarnato-roseis. α. Stipite longiore. Batsch Elench. F. Tab. IX. fig. 99. — Ag. farinaceus β. rosellus Pers. Syn. Fung. p. 454.

β. Stipite diametrum pilei vix longitudine aequante. — Ag. farinaceus γ tortilis Pers. Syn. Fung. p. 454. (Bolt. Tab. 41. A.) — *Syn. Gen. p.* LXXXIII.

Tab. 41 B. Agaricus purpureus Bolt.

Agaricus (*Gymnopus*) *purus* γ *purpureus* Pers Syn. Fung. p. 339. (ex Bolt.) — Alb. Schw. Consp. F. p. 172. — *Syn. Gen. p.* LXXXII.

Tab. 41 C. Agaricus caespitosus Bolt.

Agaricus (*Omphalia*) *Oniscus*; pileo membranaceo depresso sparsim striato griseo-livido, lamellis adnatis stipiteque fistuloso curvatis lividis. Fr. Obs. myc. Pars. II. p. 209. — *Syn. Gen. p.* LXXXV.

Tab. 42. Agaricus villosus Bolt.

Agaricus (*Lepiota*) *villosus*; caespitosus, pileo carnoso convexo fasciculato-villoso fulvo-ferrugineo, lamellis decurrentibus cinereis, stipite adscendente albo. — Conf. Fr. Obs. myc. Pars II. p. 21. — *Syn. Gen. p.* LXXX.

Tab. 43. Agaricus rigidus Bolt.

Agaricus (*Gymnopus*) *rigidus*; pileo subtenaci conico castaneo - rufo, lamellis decurrentibus flavis, stipite ventricoso fusiformi incurvo fusco. — Schaeff. Fung. Bav. Tab. 259. — *Syn. Gen. p.* LXXXI.

Adn. Cl. Fries in Obs. myc. Pars II. p. 142. hanc speciem ad Ag conicum Pers refert; distinximus tamen ob magnitudinem, stipitis molem singularem, rigiditatem, colorem, tum quoniam, contra varietatum rationem, nonnulli eiusdem formae fungi, paulo minores tamen, a Schaeffero Tab. citata exhibentur.

Tab. 44. Agaricus fimetarius Bolt.

Agaricus (*Coprinus*) *comatus*; gregarius, pileo conico squamoso albido, squamis flavescentibus, lamellis congestis primo albido-purpurascentibus, stipite longissimo, annulo mobili. Pers. Syn. Fung. p. 395. — Alb. Schw. Consp. F. p 199. — Mart. Fl. Erl. p. 442. — *Syn. Gen. p.* LXXXVIII.
Ic. Schaeff. Fung. Bav. Tab. 46 47.

Tab 45. Agaricus campestris Bolt.

Agaricus (*Pratella*) *edulis*; gregarius, magnus, pileo candido laevi aut obsolete squamoso, lamellis rubris, stipite longo bulboso, annulo manifesto. Pers. Syn. Fung. p. 418., Champ. comm. p. 193. — Alb. Schw. Consp. F. p. 203. — Mart. Fl. Erl. p. 434. — *Syn. Gen. p.* LXXXVI.

Ic. Schaeff. Fung. Bav. Tab. 310. 311.

Adn. Figurae Boltonis a vulgari fungo differunt colore lutescente et annulo incompleto.

Tab. 46. Agaricus nobilis Bolt.

Agaricus (*Amanita*) *nobilis*, magnus, pileo campanulato aurantio-rubro verrucis regularibus, lamellis, stipite volvaque laxa albis. — Fr. Obs. myc. Pars II. p. 7. — *Syn. Gen. p.* LXXIX.

(Locus post. Am. aurantiacam Pers.)

Tab. 47. Agaricus verrucosus Bolt.

Agaricus (*Amanita*) *verrucosus*; magnus, pileo hemisphaerico verrucoso fuligineo, lamellis stipite volvaque coarctata albidis. — Fr. Obs. myc. Pars. II. p. 7. — *Syn. Gen. p.* LXXIX.

Adn. Ab Am. umbrina Pers. differt. volva distincta et, quoad iconem, verrucis crassis pileo concoloribus.

Tab. 48. Agaricus vernalis Bolt.

Amanita bulbosa; tota candida, pileo convexo,

stipite elongato attenuato bulboso. Pers. Syn. Fung. p. 250. — Alb. Schw. Consp. F. p. 143. — Mart. Fl. Erl. p. 405. — Pers. Champ. comm. p. 179. — *Syn. Gen. p.* LXXIX.

Ic. Schaeff. Fung. Bav. p. 241.

Tab. 49. Agaricus pulvinatus Bolt.

Amanita spadicea α badia; major, pileo badio nitido, lamellis stipiteque dilute castaneis. Pers. Syn. F. p. 248. — Fr. Obs. myc. Pars. I. p. 3. — *Syn. Gen. p.* LXXX.

Ic. Schaeff. Fung. Bav. Tab. 245.

Tab. 50. Agaricus luteus Bolt.

Agaricus (*Lepiota*) *Flammula*; gregarius, flavus, unicolor, pileo tenui campanulato squamoso-furfuraceo, lamellis angustis confertissimis, stipite basi incrassato. Alb. Schw. Consp. F. p. 149. — Ag. (Coprinus) cepaestipes β luteus Pers. Syn. F. p. 416. — *Syn. Gen. p.* LXXX.

Adn. Ag. aureus Sowerb. statum forte provectiorem hujus fungi indicat.

Tab. 51. Fig. inferior. Agaricus atrorufus Bolt.

Agaricus (*Mycena*) *tener* Var β; pileo subconico aut convexo fusco sicco elastico, lamellis paucis trifidis fuscorubris, stipite praelongo gracili. Pers. Syn. F. p. 386. — *Syn. Gen. p.* LXXXV.

Ic. Schaeff. Fung. Bav. Tab. 234.

Tab. 51. Fig. superior. Agaricus croceus Bolt.

Agaricus (Lepiota) granulosus; mediocris, subgregarius, pileo subcarnoso umbonato ferrugineo, lamellis confertis plerumque pallidis, stipite squamoso annulato. Pers. Syn. Fung. p. 264. — Alb. Schw. Consp. F. p. 147. — *Syn. Gen. p.* LXXX.

Ic. Batsch El. Fung. fig. 97.

Adn. Ex icone Agaricis vaginatis nostris adscribendus est.

Tab. 52. Agaricus violaceus Bolt.

Agaricus (Cortinaria) violaceus; stipitatus, pileo rimoso, margine violaceo tomentoso, stipite coerulescente, cortina ferruginea. Pers Syn. Fung. p. 277. — Fr. Obs. myc. Pars II. p. 87. — *Syn. Gen. p.* LXXXVII.

Ic. Schaeff. Fung. Bav. Tab. 3.

Tab. 53. Agaricus ciliaris Bolt.

Agaricus (Coprinus) ciliaris Pers. Syn. Fung. p. 416. (ex Bolt.) — *Syn. Gen p.* LXXXVIII.

Tab. 54. Agaricus striatus Bolt.

Agaricus (Coprinus) ferrugineus; caespitosus, pileo campanulato sulcato ferrugineo, lamellis, nitentibus, primum roseis, dein cinereis, tandem nigrescentibus. Pers. Syn. Fung. p. 400. — Alb. Schw. Consp. F. p. 199. — Mart. Fl. Erl. p. 442. — *Syn. Gen. p.* LXXXIX.

Ic. Schaeff. Fung. Bav. Tab. 66.

Adn. Confer notam ad Ag. (Coprinum) plicatum Tab. 25.

Tab. 55. Agaricus adscendens Bolt.

Agaricus (Gymnopus) adscendens; fusco-cinnamomeus, pileo hemisphaerico disco lucido, lamellis decurrentibus dilutioribus, stipite solido arcuato glabro. (Locus post. Ag. curvipedem Pers. Syn. F. p. 312.) — *Syn. Gen. p.* LXXXI.

Tab. 56. Agaricus fulvus Bolt.

Agaricus (Gymnopus) pratensis; fulvo-rubescens, subdurus, pileo campanulato seu obtuse umbonato aut planiusculo glabro, lamellis crassis distantibus decurrentibus, stipite brevi subtenui deorsum attenuato. Pers. Syn. Fung. p. 304. — Ag. fulvidus Schr. Spic. p. 121. — Ag. pratensis Alb. Schw. Consp. F. p. 162. — Mart.

Fl. Erl. p. 409. — Var. *α* ficoides *a* subflavescens Fr. Obs. myc. Pars II. p. 116. — *Syn. Gen. p.* LXXXI.

Tab. 57. Agaricus clypeatus Bolt.

Agaricus (*Pratella*) *tenax;* subsolitarius, pileo subcarnoso campanulato flavo, lamellis adnatis nebulosis, stipite longiusculo glabro nudo. Fr. Obs. myc. Pars I. p. 54. — Pars. II. p. 178. *Syn. Gen. p.* LXXXVII.

Tab. 58. Agaricus peronatus Bolt.

Agaricus (*Gymnopus*) *peronatus;* pallescens, pileo carnosomembranaceo convexo subumbonato rugoso, lamellis distinctis stipite solido albido radicato deorsum flavo-strigoso. Pers. Syn. Fung. p. 331. — Ag. peronatus Schr. Spec. p. 125. — *Syn. Gen. p.* LXXXI.

Tab. 59. Agaricus sordidus Bolt.

Ag. sordidus; lamellis simplicibus rectis pileoque plano limido-fuscis, centro umbilcato margine depresso, stipite basi crassiore. Schrad. Spic. p. 121. — Ag. (Omphalia) tardus *β* rufolamellatus Pers. Syn. F. p. 461. — *Syn. Gen. p.* LXXXIII.

Tab. 60. Agaricus acris Bolt.

Agaricus (*Lactifluus*) *acris*; pileo azono planiusculo subobliquo cinereo-fuligineo, lamellis primo albidis dein alutaceis, stipite albido, succo ex albo rubescente. Pers. Syn. F. p. 437. — Alb. Schw. Consp. F. p. 210. — Fr. Obs. myc. Pars I. p. 63. — *Syn. Gen. p.* LXXXVI.

Tab. 61. Agaricus fimbriatus Bolt.

Agaricus (*Omphalia*) *fimbriatus*. Pers. Syn. F. p. 466. (ex. Bolt.) — Fr. Obs. myc. Pars II. p. 204. — *Syn. Gen. p.* LXXXV.

Tab. 62. Agaricus Cantharellus Bolt.

Merulius Cantharellus; gregarius, totus vitellinus, pileo carnoso glabro depresso. Pers. Syn. Fung. p. 488., Champ. comm. p. 228. — Alb. Schw. Consp. F. p. 233. *Syn. Gen. p.* XCIX.

Tab. 63. Agaricus amethysteus Bolt.

Agaricus (*Omphalia*) *amethysteus*; gregarius, subtenax, recens laete violaceus, demum canescens, pileo umbilicato, lamellis distantibus, stipite longo fibrilloso attenuato. Pers. Syn. F. p. 465. — Alb. Schw. Consp. F. p. 222. — *Syn. Gen. p.* LXXXIII.

Ic. Schaeff. Fung. Bav. Tab. 13.

Tab. 64. Agaricus farinaceus Bolt.

Agaricus (*Omphalia*) *farinaceus*; pileo subcarnoso umbilicato (?) subsquamuloso, stipiteque longo ochraceo-rufo, lamellis distantibus roseis demum farinaceis. Pers. Syn. Fung. 453. — Alb. Schw. Consp. F. p. 219. Var. α. — Ag. (Pratella) farinaceus Mart. Fl. Erl. p. 440. — *Syn. Gen. p.* LXXXIII.

Tab. 65. Agaricus equestris Bolt.

Agaricus (*Pratella*) *tenax* Fr. Obs. myc. Pars I. p. 54. — *Syn. Gen. p.* LXXXVII.
(Status juvenilis, conf. Tab. nostr. 57.)

Tab. 66. fig. 1. Agaricus varius Bolt.

Agaricus (*Coprinus*) *varius*; parvulus, pileo campanulato nitido pallido et livido vario, lamellis variegatis adscendentibus, stipite tenui rufescente subtenaci. Pers. Syn. F. p. 414. — *Ag.* (*Pratella*) *varius* Fr. Obs. myc. Pars II. p. 183. — *Syn. Gen. p.* LXXXVIII.

Tab. 66. fig. 2. Agaricus cuspidatus Bolt.

Agaricus (*Pratella*) *gracilis δ. cuspidatus* Pers. Syn. F. p. 425. (ex Bolt.) — *Syn. Gen. p.* LXXXVII.

Tab. 67. f. 1. Agaricus durus Bolt.

Agaricus (*Cortinaria*) *ochroleucus* Pers. Syn. F. p. 295. (?) — *Syn. Gen. p.* LXXXVII.
Adn. Vix rite determinanda species.

Tab. 67. f. 2. Agaricus aurantius Bolt.

Agaricus (*Gymnopus*) *conicus*; pileo conico acuto subviscoso dilute virescente-flavido, lamellis confertis adscendentibus flavescentibus, stipite longo fulvo. Var. δ. *aurantius*. Pers. Syn. F. p. 335. — Alb. Schw. Consp. F. p. 172. — Mart. Fl. Erl. p. 412. — Fr. Obs. myc. Pars II. p. 142. (ad A. conicum) — *Syn. Gen. p.* LXXXII.
Ic. Schaeff. Fung. Bav. T. 2.

Tab. 68. Agaricus laceratus Bolt.

Agaricus (*Gymnopus*) *laceratus* Pers. Syn. F. p. 336. (ex Bolt.) — Fr. Obs. myc. Pars II. p. 142, ad A. conicum. — *Syn. Gen. p.* LXXXII.

Tab. 69. Agaricus mammosus Bolt.

Agaricus (*Gymnopus*) *Pluteus* var. *stipite pileo concolore*. Pers. Syn. F. p. 357. — Sturm Deutschl. Fl. III. Tab. 28. — *Syn. Gen. p.* LXXXI.

Tal. 70. Agaricus nuceus Bolt.

Agaricus (*Omphalia*) *nuceus;* pileo subgloboso umbilieato plicato, margine inciso - lobato dilute castaneo, lamellis adnexis luteis, stipite longo cavo albido. — *Syn. Gen. p.* LXXXV.

Tab. 71. fig. 1. Agaricus aquosus Bolt.

Agaricus (*Mycena*) *epipterygius;* subcaespitosus, pileo campanulato laeviusculo obtuso aut subumbilicato cinereo - caesio subviscoso, lamellis distantibus albis, stipite sulphureo viscido. Var. β. *pileo flavido*. Pers. Syn. F. p. 382. (?) — *Syn. Gen. p.* LXXXIV.

Tab. 71. fig. 2. Agaricus lateralis Bolt.

Agaricus (*Pleuropus*) *mollis;* gregarius, mollis, pileo glabro gibboso pallido, lamellis aquose cinnamomeis. Pers. Syn. F. p. 480. — *Syn. Gen. p.* LXXXIV.

Adn. Icon forma regulari et colore differt.

Tab. 72. fig. 1. Agaricus betulinus Bolt.

Agaricus (*Pleuropus*) *stypticus;* caespitosus, pileo subcoriacco emarginato alutaceo subfarinaceo, lamellis tenuissimis venis connexis cinnamomeis, stipite compresso

adscendente apice dilatato. Pers. Syn. F. p. 481. — Alb. Schw. Consp. F. p. 231. — Mart. Fl. Erl. p. 420. — *Syn. Gen. p.* LXXXIV.
Ic. Schaeff. Fung. Bav. Tab. 208.

Tab. 72. fig. 2. Agaricus flabellatus Bolt.

Agaricus (*Pleuropus*) *variabilis;* gregarius, acaulis, pileo subtomentoso candido, lamellis ex albo demum rubiginosis (Fungus juvenilis). Pers. Syn. F. p. 483. — Alb. Schw. Consp. F. p. 231. — *Syn. Gen. p.* LXXXIV.
Ic. Batsch. El. F. fig. 121.

Tab. 72. fig. 3. Agaricus planus Bolt.

Agaricus (*Pleuropus*) *epigaeus;* pileo reniformi fragili rufescente-cano, basi villoso-albido, lamellis distinctis aquose rufescentibus divergentibus.— Var ε planus. — Pers. Syn.F.p. 484.— *Syn.Gen.p.*LXXXIV.
Ic. Schaeff. Fung. Bav. Tab. 224.

Tab. 73. fig. sup. Agaricus quercinus Bolt.

Daedalea quercina; coriacea, ligneo-pallens, pileo ruguloso glabro, lamellis ramoso-sinuatis, sinulis magnis. Var. 1. Pers. Syn. F. p. 540. — Var. γ. nigricans. Fr.

Obs. myc. Pars I. p. 104. — *Syn. Gen. p.* XCVIII.

Adn. Figurae a. b. c. d. ad Agaricum sepiarium Pers. Syn. F. p. 487. — Obs. myc. P II. p. 93. — Daedaleam sepiariam Fr. Obs. myc. Pars I. p. 105. *Syn. Gen. p.* XCVIII ,— attinere videntur.

Tab. 74. Boletus obliquus Bolt.

Systotrema obliquum nobis; (Conf. Tab. 167. fig. 1.)

Tab. 75. Boletus tenax Bolt.

Boletus citrinus; imbricatus, dimidiatus, carnosus, glaber, citrinus. Pers. Syn. F. p. 524. — Boletus lobatus Schrad. Spic. p. 162.— Bol. citrinus Alb. Schw. Consp. F. p. 246. — *Syn. Gen. p.* XCVII.

Ic. Schaeff. Fung. Bav. Tab. 131. 132.

Tab. 76. Boletus elegans Bolt.

Boletus frondosus; ramosissimus, pileis numerosis dimidiatis griseo-fuligineis. Pers. Syn. F. p. 520. — Schrad. Spic. p 161. — Alb. Schw. Consp. F. p. 244. — *Syn. Gen. p.* XCVI.

Tab. 77. Boletus squamosus Bolt.

Boletus platyporus; magnus, pileo carnoso

suberoso ochraceo, disco squamisque umbrinis, poris magnis flexuosis, stipite crasso laterali. Pers. Syn. F. p. 521. — Alb. Schw. Consp. F. p. 245. — Mart. Fl. Erl. p. 448. — *Syn. Gen. p.* XCVI.
Ic. Schaeff. Fung. Bav. Tab. 101. 102.

Tab. 78. Boletus albus Bolt.

Polyporus fumosus Fr. Obs. myc. Pars II. p. 257. Var. albido-carneus nobis. — Alb. Schw. Consp. F. p. 250! — Boletus fumosus Pers. Syn. F. p. 530. — Polyporus pallescens Fr. l. c. p. 257.? — *Syn. Gen. p.* XCVII.

Adn. Specimina, ab amiciss. de Haan mense Novembris 1819 ad Lugdunum Batavorum lecta, ad amussim respondent figuris Boltonianis Boleti albi, quas huc trahere, quam distinctam speciem declarare maluimus. Polyporum pallescentem eandem speciem credere facile quidem persuaderemur, nisi id obstaret, quod Vir acutissimus et in omni Fungorum Synonymia versatissimus Boltonem nostrum ad eundem non laudavit.

Tab. 79. Boletus hepaticus Bolt.

Boletus (*Fistulina*) *hepaticus;* carnosus, sanguineus, dimidiatus, tubulis liberis lutescentibus. Pers. Syn. F. p. 549. — Alb. Schw. Consp. F. p. 259. — Hypodrys, Pers. Champ. comm. p. 245. — *Syn. Gen. p.* XCVIII.

Tab 80. Boletus igniarius Bolt.

Boletus fomentarius δ ungulatus; subcylindricus, altus, cinereus, umbrinus, fasciis prominentibus, poris planodepressis albidis aut ferrugineis. Pers. Syn. F. p. 537. — Obs. myc. Pars II. p. 4. — Alb. Schw. Consp. F. p. 252. — Mart. Fl. Erl. p. 440. — *Syn. Gen. p.* XCVII.

Ic. Schaeff. Fung. Bav. Tab. 137.

Tab. 81. Boletus versicolor Bolt.

Boletus versicolor; caespitosus, coriaceus, pileo tenui zonato multicolore coeruleo, poris albis. Pers. Syn. F. p. 540. — Alb. Schw. Consp. F. p. 253. — *Syn. Gen. p.* XCVII.

Ic. Schaeff. Fung. Bav. Tab. 268. 269.

Tab. 82. Boletus auriformis Bolt.

Thelephora (Stereum) hirsuta; caespitosa, coriacea, lutescens, strigoso-hirsuta, subtus glabra. Pers. Syn. F. p. 570. — Obs. myc. Pars II. p. 90. — Mart. Fl. Erl.

p. 457. — Alb. Schw. Consp. F. p. 274. — *Syn. Gen. p.* CI.

Tab. 83. Boletus lateralis Bolt.

Boletus varius; subsolitarius, pileo tenace ochraceo, dimidiato aut integro, stipite sublaterali elongato ad dimidium deorsum nigro. Pers. Syn. F. p. 524. Obs. myc. Pars I. p. 85. — Bol. nummularius β lateralis Schr. Spic. p. 152. — *Syn. Gen. p.* XCVI.

Tab. 84. Boletus luteus Botl.

Boletus subtomentosus; mediocris, pileo pulvinato convexo-plano subtomentoso gilvo-aut flavo-cinerascente, carne subimmutabili, poris majusculis, stipite subtenui medio rubicundo aut unicolore lutescente. Pers. Syn. F. p. 506. — Alb. Schw. Consp. F. p. 239. — Mart. Fl. Erl. p. 444. — *Syn. Gen. p.* XCVI.

Tab. 85. Boletus bovinus Bolt.

Boletus rubeolarius; pileo pulvinato subhemisphaerico olivaceo subtomentoso, poris plano-convexis miniato-rubris, stipite brevi bulboso crasso laeviusculo concolore. Pers. Syn. F. p. 512. — Alb. Schw.

Consp. F. p. 241. — Fr. Obs. myc. Pars II. p. 250. — *Syn. Gen. p.* XCVI.

Ic. Sowerby Fung. Tab. 250.

Tab. 86. Boletus procerus Bolt.

Boletus scaber; pileo subrugoso opaco fuligineo-cinereo, poris pallescente-albis circa stipitem excavatis, stipite attenuato squamulis nigrescentibus. Pers. Syn. F. p. 505. — Obs. myc. Pars II. p. 13. — Alb. Schw. Consp. F. p. 239. — *Syn. Gen. p.* XCVI.

Tab. 87. Boletus subtomentosus Bolt.

Boletus perennis; coriaceus, tenax, cinnamomeus, pileo tenui zonato velutino utplurimum connato. Pers. Syn. F. p. 518. — Alb. Schw. Consp. F. p. 243. — Mart. Fl. Erl. p. 447. — *Syn. Gen. p.* XCVI.

Ic. Schaeff. Fung. Bav. Tab. 125.

Tab. 88. Hydnum imbricatum Bolt.

Hydnum medium; pileo flexuoso pallido glabro, subulis tenuibus acutis, stipite crasso brevi albido. Pers. Obs. myc. P. II. p. 97, Champ. comm. p. 249. — H. repandum *c.* albidum Fr. Obs. myc. Pars II. p. 139. — *Syn. Gen. p.* C.

Tab. 89. Hydnum repandum Bolt.

Hydnum rufescens; pileo subtenui carnoso subtomentoso e rufescente subcarneo, subulis acutis subcompressis incarnato-ochraceis, stipite tenuiusculo subcylindrico. Pers. Syn. F. p. 555. — Alb. Schw. Consp. F. p. 265. — Mart. Fl. Erl. p. 454. — Fr. Obs. myc. Pars I. p. 140. — *Syn. Gen. p.* C.

Tab. 90. Hydnum auriscalpium Bolt.

Hydnum auriscalpium; stipitatum, spadiceum, pileo dimidiato coriaceo. Pers. Syn. F. p. 557. — Alb. Schw. Consp. p. 267. — Mart. Fl. Erl. p. 456. — Fr. Obs. myc. Pars. I. p. 146. — *Syn. Gen. p.* C.

Tab. 91. Phallus esculentus Bolt.

Morchella esculenta; pileo basi contracto, stipite farcto. Pers. Syn. F. p. 618. Champ. comm. p. 256. — Alb. Schw. Consp. F. p. 300. — Mart. Fl. Erl. p. 403. — *Syn. Gen. p.* LXXVIII.

Tab. 92. Phallus impudicus Bolt.

Phallus impudicus; stipite cribroso subobliquo, pileo celluloso pervio. Pers. Syn. F. p. 242. — Alb. Schw. Consp. F. p. 140. — Mart. Fl. Erl. p. 460. — *Syn. Gen. p.* CII.

Ic. Schaeff. Fung. Bav. Tab. 196 — 198.

Tab. 93. f. 1. Clathrus nudus Bolt.

Stemonitis fasciculata; caespitosa, major, capillitio subattenuato, cortice toto evanescente. Pers. Syn. F. p. 187. — Alb. Schw. Consp. p. 102. — Mart. Fl. Erl. p. 381. — *Syn. Gen. p.* LXVII.

Ic. N. ab E. Syst. fig. 119.

Tab. 93. fig. 2. Clathrus denudatus Bolt.

Arcyria punicea; congesta, croceo-punicea. Pers. Syn. F. p. 185. — Alb. Schw. Consp. F. p. 101. — Mart. Fl. Erl. p. 379. — *Syn. Gen. p.* LXVII.

Ic. N. ab E. Syst. fig. 114.

Tab. 93. fig. 3. Clathrus fulvus Bolt.

Trichia fallax; simplex, stipitata, primo rubra dein argillacea, peridio inferne cum stipite plicato. Pers. Syn. F. p. 177. — Alb. Schw. Consp. F. p. 99. — Mart. Fl. Erl. p. 378. — *Syn. Gen. p.* LXVI.

Tab. 93. fig. 4. Clathrus flavus Bolt.

Videtur varietas praecedentis.

Tab. 94. fig. 1. Clathruss phaerocephalus Bolt.

Physarum aurantium; stipitatum, peridio subrotundo lutescente, stipite striato deorsum incrassato. Pers. Syn. F. p. 173. Tab. 7. f. 3 - 9. — Alb. Schw. Consp. F. p. 94. — *Syn. Gen. p.* LXVI.

Ic. Sphaerocarpus aurantius Bull. Champ. Tab. 484 fig. 2.

Tab. 94. fig. 2. Clathrus olivaceus Bolt.

Physarum farinaceum; stipitatum, peridii cortice tenuissimo farinoso-villoso cinereo. Pers. Syn. F. p. 174. — Didymium farinaceum Schr. Gen. Pl. T. V. fig. 6. — *Syn. Gen. p.* LXV.

Tab. 94. fig. 3. Clathrus turbinatus Bolt.

Trichia ovata; congesta, sessilis, obovata, opaca, ex ochraceo alutacea. Pers. Syn. F. p. 180. — Alb. Schw. Consp. F. p. 99. — Mart. Fl. Erl. p. 378. — *Syn. Gen. p.* LXVI.

Tab. 95. Helvella Mitra Bolt.

Helvella albida; albido-pallescens, pileo libero subinflato, stipite longo attenuato. Pers. Syn. F. p. 616. — Obs. myc. Pars 1. p. 71. — *Syn. Gen. p.* LXXVIII.

Adn. Signum interrogationis, citatae huic iconi in Syn. Fung. adiectum, in Obs. myc. deest, – rectius!

Tab. 96. Helvella hispida Bolt.

Peziza macropus; magna, cupula hemisphaerica intus murina extus cinerea, stipite longissimo laevi aut lacunoso. Pers. Syn. F. p. 645. — Alb. Schw. Consp. F. p. 313. — *Syn. Gen. p.* CIII.

Ic. Schaeff. Fung. Bav. Tab. 167.

Tab. 97. Helvella faritoria Bolt.

Spathularia flavida Pers. Syn. F. p. 610. — Alb. Schw. p. 295. — Mart. Fl. Erl. p. 400. — *Syn. Gen. p.* LXXVII.
Ic. Schaeff. Fung. Bav. Tab. 149.

Tab. 98. fig. 1. Helvella agariciformis Bolt.

Helotium aciculare; minutum, gregarium, candidum, persistens, capitulo primum subexcavato. Pers. Syn. F. p. 677. Obs. myc. Pars II. Tab. V. f. 1. — Alb. Schw. Consp. F. p. 349. — Fr. Obs. myc. Pars II. p. 310. — *Syn. Gen. p.* LXXVIII.

Tab. 98. fig. 2. Helvella aurea Bolt.

Peziza serotina; subgregaria, parca, maiuscula, cupula lacte flava planiuscula (convexa). Pers. Syn. F. p. 661. — Alb. Schw. Consp. F. p. 331. — *Syn. Gen p.* CIV.

Tab. 99. Helvella cochleata Bolt.

Peziza badia; subacaulis, integra, margine subinvoluto, obscure fusca, externe subolivacea. Var. α et β. Pers. Syn. F. p. 639. — Fr. Obs. myc. Pars I. p. 164. — *Syn. Gen. p.* CIII.

Tab. 100. Helvella coccinea Bolt.

Peziza aurantia; acaulis, caespitosa, dimidiatoflexuosa, aurantia, externe albida.

Pers. Syn. F. p. 638. — Alb. Schw. p. 310. — *Syn. Gen. p.* CIII.

Ic. Schaeff. Fung. Bav. Tab. 148. — N. ab E. Syst. fig. 279.

Tab. 101. fig. 1. Helvella cartilaginea Bolt.

Peziza (Phiala) humosa; subcarnosa, sessilis, concava, sanguineo-rubra, laevis, glaberrima. — Fr. Obs. myc. Pars II. p. 308. — *Syn. Gen. p.* CIV.

Tab. 101. fig. 2. Helvella sarcoides Bolt.

Tremella dubia; caespitosa, viscosa, fastigiata, mollis, carnea subalbicans. Pers. Syn. F. p. 630. — Alb. Schw. Consp. F. p. 305. — Tremella (Coryne) acrospermum. Mart. Fl. Erl. p. 395. — *Syn. Gen. p.* LXXV.

Ic. Schaeff. Fung. Bav. Tab. 323.

Tab. 102. fig. 1. Peziza lentifera Bolt.

Cyathus Olla; extus cinereus aut fuscescens, subtomentosus, interne laevis, plumbeo-lividus. — Pers. Syn. F. p. 237. — Alb. Schw. Consp. F. p. 139. — Mart. Fl. Erl. p. 389. — *Syn. Gen. p.* LXXII.

Ic. Schaeff. Fung. Bav. Tab. 180.

Tab. 102. fig. 2. Peziza striata Bolt.

Cyathus striatus; hirsutus, spadiceus, interne striatus. Pers Syn. F. p. 237. — Alb.

Schw. Consp. F. 138. — Mart. Fl. Erl. p. 389. — *Syn. Gen. p.* LXXII.

Ic. Schaeff. Fung. Bav. Tab. 178.

Tab. 103. Peziza cornucopioides Bolt.

***Merulius** (Cantharellus) cornucopioides;* caespitosus, nigrescens, pileo membranaceo squamuloso, venis obsoletis. Pers. Syn. F. p. 491. — Alb. Schw. Consp. F. p. 235. — Mart. Fl. Erl. p. 453. — *Syn. Gen. p.* XCIX.

Ic. Schaeff. Fung. Bav. Tab. 165.

Tab. 104. Peziza coccinea Bolt.

***Peziza** coccinea* (Martii); stipitata, submagna, turbinata aut infundibuliformis, intus coccinea, externe subtomentoso-albida, margine utplurimum crenato. — Pers. Syn. F. p. 652. — Alb. Schw. Consp. F. p. 323. — *Syn. Gen. p.* CIII.

Ic. N. ab E. Syst. fig. 288.

Tab. 105. fig. 1. Peziza ochroleuca Bolt.

Peziza firma; submagna, sparsa, varia, subtenax, aquose fusca, cupula cyathiformi dein dilatata repanda, stipite elongato basi nigrescente. Pers. Syn. F. p. 658. — *Syn. Gen. p.* CIV.

Tab. 105. fig. 2. Peziza undulata Bolt.

***Merulius** (Cantharellus) tubiformis;* gregarius,

minor, pileo membranaceo umbilicato rugososquamuloso fusco, plicis rectis flavosubcinereis, stipite flavo subincrassato. Pers. Syn. F. p. 490. — Alb. Schw. Consp. F. p. 234. — Fr. Obs. myc. Pars I. p. 97. — *Syn. Gen. p.* XCIX.

Tab. 106. fig. 1. Peziza Tuba Bolt.

Peziza Tuba; stipitata, tota lutea, stipite filiformi, cupulae limbo plano. Pers. Syn. F. p. 660. — *Syn. Gen. p.* CIV.

Tab. 106. fig. 2. Peziza inflexa Bolt.

Peziza radiata; parva, stipitata, ex albido pallescens, margine dentibus setaceis erectis. Pers. Syn. F. p. 662. — Obs. myc. Pars II. p. 86. (P. coronata) — Alb. Schw. Consp. F. p. 333. — *Syn. Gen. p.* CIV.
Ic. N. ab E. Syst. fig. 293.

Tab. 107. Peziza Auricula Bolt.

Tremella Auricula Judae; caespitosa, tenuis, flexuosa, concava, nigrescens, subtus plicato-subtomentosa, olivaceo-cinerea. Pers. Syn. F. p. 624. — Alb. Schw. Consp. F. p. 302. — Auricularia sambucina Mart. Fl. Erl. p. 459. — *Syn. Gen. p.* LXXV.

Tab. 108. fig. 1. Peziza scutellata Bolt.

Peziza stercorea; gregaria, sessilis, concava,

tota fulva, setosa, setis badiis suberectis. Pers. Syn. F. p. 650. — Alb. Schw. Consp. F. p. 320. — *Syn. Gen. p.* CIII.

Tab. 108. fig. 2. Peziza coerulea Bolt.

Peziza coerulea; plana, sessilis, coerulea, margine obtuso ciliari. Pers. Syn. F. p. 650. — *Syn. Gen. p.* CIII.

Tab. 109. fig. 1. Peziza viridis Bolt.

Xyloma pezizoides. Pers. Syn. F. p. 105. — *Phacidium coronatum Fr.* Obs. myc. Pars I. p. 167. Kunze et Schm. Myc. Hefte p. 36. — Peziza connivens Mart. Fl. Erl. p. 463. — *Syn. Gen. p.* CVII.

Tab. 109. fig. 2. Peziza fusca Bolt.

Ascobolus furfuraceus; gregarius, subconcavus, fuscus aut virescens, externe furfuraceus. Pers. Syn. F. p. 676 (?) — Obs. myc. Pars I. p. 33. c. icone. — *Syn. Gen. p.* CIV.

Tab. 110. Clavaria pistillaris Bolt.

Clavaria fusiformis; caespitosa, congesta, aurea, clavulis attenuatis subtenacibus, basi cohaerentibus. Pers. Syn. F. p. 601. — *Syn. Gen. p.* LXXVII.

Obs. Specimina alba huius tabulae ad speciem sequentem pertinent.

Tab. 111. fig. 1. Clavaria gracilis Bolt.

Clavaria eburnea; caespitosa, congesta, fragilis, nivea. Pers. Syn. F. p. 603. — Alb. Schw. Consp. F. p. 291. — *Syn. Gen. p.* LXXVII.

Tab. 111. fig. 2. Clavaria ophioglossoides Bolt.

Geoglossum glabrum; glabrum, ex spadiceo nigrum, stipite subsquamuloso. Pers. Syn. F. p. 608. — Alb. Schw. Consp. F. p. 294. — *Syn. Gen. p.* LXXVIII.

Ic. N. ab E. Syst. fig. 157.

Tab. 112. fig. 1. Clavaria gyrans Bolt.

Clavaria erythropus; clavula cylindrica brevi alba, stipite (stricto) longo atrorubente. Pers. Syn. F. p. 606. — Alb. Schw. Consp. F. p. 293. — Typhula erythropus Fr. Obs. myc. Pars II. p. 297. — *Syn. Gen. p.* LXXVII.

Tab. 112. fig. 2. Clavaria fastigiata Bolt.

Clavaria viscosa; subramosa, vitellina, viscosa, tenax, ramis ramulisque furcatis, caule radicato. Pers. Syn. F. p. 594. — Alb. Schw. Consp. F. p. 287. — *Syn. Gen. p.* LXXVII.

Ic. Schaeff. Fung. Bav. Tab. 175. fig. 5.

Tab. 113. Clavaria coralloides Bolt.

Clavaria Botrytis; subdifformis, caule crassissimo decumbente pallescente, ramis breviusculis subrugosis, ramulis obtusis rubicundis. Pers. Syn. F. p.587.— Alb. Schw. Consp. F. p. 286. — Mart. Fl. Erl. p. 397. — *Syn. Gen. p.* LXXVII.

Ic. N. ab E. Syst. fig. 150.

Adn. Fig. c. non ad hanc, sed ad Cl. viscosam referrenda.

Tab. 114. Clavaria muscoides Bolt.

Clavaria corniculata; subramosa, flava, caule gracili elongato bis terque furcatim diviso, ramulis acutis. Pers. Syn. F. p. 589. — Alb. Schw. Consp. F. p. 286. — Mart. Fl. Erl. p. 398. — *Syn. Gen. p.* LXXVII.

Ic. Schaeff. Fung. Bav. Tab. 173.

Tab. 115. Clavaria elegans Bolt.

Clavaria rugosa α; maiuscula, albida, incrassata, rugosa, simplex ramosaque, ramis parcis difformibus. Pers. Syn. F. p. 595. — Alb. Schw. p. 288. — Fr. Obs. myc. Pars I. p. 158. — *Syn. Gen. p.* LXXVII.

Tab. 116. Lycoperdon cervinum Bolt.

Fig. a. b. *Scleroderma spadiceum*; gregarium, minus, subguttatum, laeve, spadiceum, radice dura fibrosa. Pers. Syn. F. p. 155. —

Alb. Schw. Consp. F. p. 81. — Mart. Fl. Erl. p. 383. — *Syn. Gen. p.* LXIX.

Ic. Schaeff. Fung. Bav. Tab. 188.

Fig. c. *Scleroderma citrinum*; mediocre, subrotundum, radicatum, pallescenti-citrinum, obsolete subsquamosum, squamis crassiusculis. Pers. Syn. F. p. 153. — Alb. Schw. Consp. F. p. 81. — Mart. Fl. Erl. p. 383. — *Syn. Gen. p.* LXIX.

Tab. 117. Lycoperdon Bovista Bolt.

Fig. a. *Lycoperdon pratense*; candidum, molle, peridio hemisphaerico laeviusculo, verrucis parcis, caule brevissimo. Pers. Syn. F. p. 142. — Alb. Schw. Consp. F. p. 80. — Mart. Fl. Erl. p. 385. — *Syn. Gen. p.* LXVIII.

Ic. Schaeff. Fung. Bav. Tab. 184. 294.

Fig. b. *Lycoperdon utriforme*; maiusculum, ex obovato cylindricum, dilute fuligineum, superficie laeviuscula, caule cum peridio confluente. Pers. Syn. F. p. 143. — *Syn. Gen. p.* LXVIII.

Fig. c. d. *Lycoperdon perlatum*; caespitosum, umbonatum, albidum, caule longiusculo subcylindrico, verrucis compactis rotundis (deciduis) in mucronem porrectis. Pers. Syn. F. p. 145. — Alb. Schw. Consp. F. p. 80. — *Syn. Gen. p.* LXVIII.

Ic. Vaill. Bot. Par. Tab. 12. fig. 15.

Fig. e. *Lycoperdon pyriforme*; caespitosum, pyriforme, umbonatum, fuligineo-pallidum, squamulis tenuissimis, radiculis fibrosis longis. Pers. Syn. F. p. 148. — Mart. Fl. Erl. p. 385. — *Syn. Gen. p.* LXVIII.

Ic Schaeff. Fung. Bav. Tab. 185.

Fig. f. g. *Lycoperdon excipuliforme*; magnum, albidum, varium, peridio subgloboso, verrucis spinulosis sparsis, caule subtereti longo plicato. Pers. Syn. F. p. 143. — Alb. Schw. Consp. F. p. 80. — *Syn. Gen. p.* LXVIII.

Ic. Schaeff. F. Bav. Tab. 295.

Fig. suprema. *Lycoperdon echinatum*; turbinatum, pallide umbrinum, verrucis spinosis, spinis crassis distantibus. Pers. Syn. F. p. 147. — Mart. Fl. Erl. p. 386. — *Syn. Gen. p.* LXVIII.

Ic. Schaeff. Fung. Bav. Tab. 186.

Adn. Nomine Lycoperdi Bovistae sex diversas species Noster conjungit, quas, forma quidem optime expressas, coloribus autem vere fucatas, in antecedentibus rursus distinximus.

Tab. 118. Lycoperdon globosum Bolt.

Bovista nigrescens; major, nigrescenti-umbrina, subtus plicata. Pers. Syn. F. p. 137. — Alb. Schw. Consp. F. p. 79. — Mart. Fl. Erl. p. 384. — *Syn. Gen p.* LXIX.

Tab. 119. fig. 1. Lycoperdon epidendrum Bolt.

Lycogala miniata; gregaria, globosa, primo miniata demum fuscescens, pulvere rosco. Pers. Syn. F. p. 158. Obs. myc. Pars II. p. 26. — Alb. Schw. Consp. F. p. 85. — Mart. Fl. Erl. p. 371. — *Syn. Gen. p.* LXV.

Ic. N. ab E. Syst. fig. 97.

Tab. 119. fig. 2. Sphaeria Brassicae Bolt.

Sclerotium Semen; gregarium, sphaericum, nigrescenti-spadiceum; demum corrugatum. Pers. Syn. F. p. 123. — Alb. Schw. Consp. F. p. 75. — Mart. Fl. Erl. p. 391. — Coccopleum Semen Ehr. Sylv. myc. p. 27. — *Syn. Gen. p.* LXXV.

Ic. N. ab. E. Syst. fig. 138.

Tab. 120. fig. 1. Sphaeria Mori Bolt.

Sphaeria coccinea; caespitosa, dilute rubra, sphaerulis ovatis laevibus. Pers. Syn. F. p. 49. — Alb. Schw. Consp. F. p. 24. — Mart. Fl. Erl. p. 482. — *Syn. Gen. p.* CX.

Tab. 120. fig. 2. Sphaeria glauca Bolt.

Species dubia, vixque determinanda, quae forte Lichenibus adscribenda est.

Tab. 121. fig. 1. Sphaeria sanguinea Bolt.

Sphaeria sanguinea; simplex, ovata, sanguinea, apice perforata. Pers. Syn. F. p. 81. — *Syn. Gen. p.* CIX.

Adn. Sphaeria sanguinea genuina Personis, a nostro Autore mutuata, ab Hypoxylone phoeniceo Bull., vulgatiori specie, sphaerulis numerosis caespitosis, nec sparsis parcioribusque, colore etiam fere puniceo, nec miniaceo, distinguitur.

Tab. 121. fig. 2. Sphaeria viridis Bolt.

Physarum virescens Dittmar. Sturm Deutschl. Flor. III. Tab. 61. (?) — *Syn. Gen. p.* LXVI.

Adn. Congruunt omnia, sed fungillus Boltonis est duplo maior.

Tab. 122.. fig. 1. Sphaeria depressa Bolt.

Sphaeria bullata; depressa, subrotunda, ovalis reniformisque, ostiolis papillatis. Pers. Syn. F. p. 27. — Alb. Schw. Consp. F. p. 12. — Sph. Placenta Tode Fung. Meckl. Fasc. II. p. 26. Tab. 12. f. 97. — *Syn. Gen. p.* CX.

Tab. 122. fig. 2. Sphaeria bombardica Bolt.

Sphaeria spermoides Hoffm.; congesta, opaca, rigida, sphaerulis globosis deorsum subteretibus, ostiolo papillaeformi obsoleto. Pers. Syn. F. p. 75. — Alb. Schw. Consp. F. p. 39. — *Syn. Gen. p.* CIX.

Tab. 123. fig. sup. Sphaeria tuberculosa Bolt.

Sphaeria fusca; difformis, subconfluens, fusca, intus subconcolor, sphaerulis umbilicatis subprominulis. Pers. Syn. F. p. 12. — Alb. Schw. Consp. F. p. 4. — Mart. Fl. Erl. p. 476. — *Syn. Gen. p.* CX.

Ic. N. ab E. Syst. fig. 310.

Tab. 123. fig. infer. Sphaeria rugosa Bolt.

Sphaeria fragiformis var. castorea. Pers. Syn. F. p. 10 (?) — *Syn. Gen. p.* CX.

Adn. Forte huius loci Sph. argillacea Pers. —Fr. Obs. myc. Pars 1, p. 171. c. icone.

Tab. 124. Sphaeria sulcata Bolt.

Hysterium Fraxini; erumpens, nigrum, subovatum, labiis tumidulis. Pers. Syn. F. p. 100. — Alb. Schw. Consp. F. p. 55. — *Syn. Gen. p.* CVIII.

Tab. 125. Sphaeria obducta Bolt.

Sphaeria melogramma; subseriato-erumpens, obconica, nigrescenti-fuliginea, sphaerulis subprominulis. Pers. Syn. F. p. 13. (?) — *Syn. Gen. p.* CX.

Tab. 126. Sphaeria pertusa Bolt.

Porina pertusa Achar. Syn. Lich. p. 109.

Tab. 127. fig. sup. Sphaeria miniata Bolt.

Tubercularia vulgaris; gregaria, amoene rubra, sulcato-rugosa, receptaculo stipitiformi crasso pallido. Pers. Syn. F. p. 112. — Alb. Schw. Consp. F. p. 69. — Mart. Fl. Erl. p. 329. — *Syn. Gen. p.* L.

Adn. Synonyma ex descriptione magis, quam ex icone Nostri (mala), collegimus.

Tab. 127. fig. infer. Sphaeria truncata Bolt.

Sphaeria Poronia; stipitata, pezizaeformis, albida, disco truncata, sphaerulis sparsis punctiformibus nigris. Pers. Syn. F. p. 15. — Alb. Schw. Consp. F. p. 6. — Poronia truncata Fr. Obs. myc. Pars II. p. 315. — Por. fimetaria Pers. Champ. comm. p. 154. — *Syn. Gen. p.* CXI.

Tab. 128. Sphaeria militaris Bolt.

Sphaeria militaris; carnosa, flavescenti-rubra, clavula sphaerulis prominentibus tuberculosa. Pers. Syn. F. p. 1. — Alb. Schw. Consp. F. p. 1. — Mart. Fl. Erl. p. 474. — Cordylia militaris Fr. Obs. myc. Pars II. p. 317. — *Syn. Gen. p.* CXI.

Ic. N. ab E. Syst. fig. 305.

Tab. 129. Sphaeria digitata Bolt.

Sphaeria (*Cordylia Fr.*) *Hypoxylon;* gregaria,

ramosa, compressa, basi hirta. Pers. Syn. F. p. 5. Obs. myc. Pars I. p. 20. — Alb. Schw. Consp. F. p. 2. — Mart. Fl. Erl. p. 475. — *Syn. Gen. p.* CXI.

Tab. 130. Sphaeria agariciformis Bolt.

Sphaeria (Cordylia Fr.) capitata β agariciformis Pers. Syn. F. p. 3. (ex Bolt.) — Schmidt Myc. Hefte I. p. 93. — *Syn. Gen. p.* CXI.

Tab. 131. Sphaeria foliacea. Bolt.

Endocarpon miniatum Achar. Syn. Lichen p. 101.

Tab. 132. fig. 1. Mucor Mucedo Bolt.

Mucor Mucedo β conferta; capitulis minutis nigrescentibus. Pers. Syn. F. p. 201. — Mart. Fl. Erl. p. 361. — *Syn. Gen. p.* LVI.

Tab. 132. fig. 2. Mucor caespitosus Bolt.

Monilia digitata; glauca, stipite simplici digitato. Pers. Syn. F. p. 693. — *Syn. Gen. p.* LV.

Ic. Mich. Gen. Tab. 91. fig. 4.

Adnot. Dubia plantula, generi Polyactis Link adscribenda.

Tab. 132. fig. 3. Mucor botrytes Bolt.

Botrytis cinerea; congesta, late effusa, ramosa, cinerea. Pers. Syn. F. p. 690. — *Syn. Gen. p.* LV.

Ic. Mich. Gen. Tab. 91. fig. 4. (Botrytis).

Tab. 132. fig. 4. Mucor roridus Bolt.

Pilobolus roridus; minor, receptaculo deorsum inferiori filiformi, apice globoso, vesicula punctiformi nigra. Pers. Syn. F. p. 118. — Alb. Schw. Consp. F. p. 72. — *Syn. Gen. p.* LVII.

Tab. 133. fig. 1. Mucor urceolatus Bolt.

Pilobolus crystallinus; receptaculo obovato, vesicula hemisphaerica nigra. Pers. Syn. F. p. 117. — Obs. myc. Pars I. p. 76. Tab. IV. fig. 9. 10. 11. — Alb. Schw. Consp. F. p. 72. — *Syn. Gen. p.* LVII.

Tab. 133. fig. 2. Mucor Lycogala Bolt.

Lycogala argentea; pulvinata, subhemisphaerica, laevis, colore argenteo. Pers. Syn. F. p 157. — Alb. Schw. Consp. F. p. 85. — *Syn. Gen. p.* LXV.

Tab. 134. Mucor septicus Bolt.

Fuligo flava; effusa subrotundaque, flava, cortice cellusoso-fibroso. Pers. Syn. F. p. 161. — Alb. Schw. Consp. F. p. 86.— *Aethalium flavum*. Mart. Fl. Erl. p. 370. — *Syn. Gen. p.* LXIV.

Ic. Schaeff. Fung. Bav. Tab. 191. — N. ab E. Syst. fig. 92.

Tab. 135. Agaricus velutipes Bolt.

Agaricus (Gymnopus) velutipes; caespitosus,

pileo subcarnoso repando glabro brunneo, lamellis ventricosis lutescentibus, stipite tomentoso nigrescenti-badio. Pers. Syn. F. p. 314. — Alb. Schw. Consp. F. p. 165. — *Syn. Gen. p.* LXXXI.

Tab. 136. Agaricus fusco-pallidus Bolt.

Agaricus (Lepiota) polymyces, var. pallidus. Pers. Syn. F. p. 270. — *Syn. Gen. p.* LXXX.

Tab. 137. Agaricus atro-albus Bolt.

Agaricus (Mycena) atro-albus; pileo (laevi) margine albido, apice nigro, stipite (radicato) fistuloso, basi plumoso. Pers. Syn. F. p. 378 — Alb. Schw. Consp. F. p. 191. — Fr. Obs. myc. Pars II. p. 158. — *Syn. Gen. p.* LXXXIV.

Tab. 138. Boletus rhangiferinus Bolt.

Systotrema (Pleuropus) rhangiferinum; caespitosum, pileo coriaceo flexuoso dentibusque decurrentibus flavis, stipite excentrico ramoso - cristato nigro ramisque apice flavis. Conf. Fr. Obs. myc. Pars II. p. 254. — *Syn. Gen. p.* XCIX.

Tab. 139. Agaricus myodes Bolt.

Amanita rubescens, β circinata; pileo hemisphaerico subumbilicato rubescente, verrucis oblongis circinatis albidis, lamellis planiusculis albidis, stipite bulboso squamuloso pileo concolore. Pers. Syn. F. p. 254. Champ. comm. p. 194. — *Syn. Gen. p.* LXXIX.

Ic. Schaeff. Fung. Bav. Tab. 261.

Adn. Conf. *Amanita aspera* Pers. Obs. myc. Pars II. p. 28., quam ad hanc speciem supra citavimus.

Tab. 140. Agaricus congregatus Bolt.

Agaricus (Lepiota) polymyces; caespitosus, congestus, pileo umbonato piloso-squamosoo chraceo-fuligineo, lamellis subdecurrentibus albidis pallescentibus, stipite annulato conico olivaceo-cinereo. Pers. Syn. F. p. 269. — Alb. Schw. Consp. F. p. 149. -- Mart. Fl. Erl. p. 408. — *Syn. Gen. p.* LXXX.

Tab. 141 Agaricus melleus Bolt.

Agaricus (Lepiota) melleus; pileo convexo lutescente fusco irrorato, lamellis pallidis, stipitibus aggregatis annulatis farctis. — *Syn. Gen* p. LXXX.

Ic. Schaeff. Fung. Bav. Tab. 74.

Tab. 142. Agaricus oblectus Bolt.

Agaricus (Coprinus) oblectus; pileo albido tomentoso evanescente, lamellis denudatis primo rubris, stipite basi annulato. Pers. Syn. F. p. 397. — *Syn. Gen. p.* LXXXIX.

Tab. 143. Agaricus cyaneus Bolt.

Agaricus (*Pratella*) *glaucus nobis*; caespitosus, pileo planiusculo stipiteque subelongato cylindrico glauco-aeruginosis aetate fuscis, lamellis tridymis convexis glauco-ferrugineis, cortina fugaci. — Locus post Ag. aeruginosum Pers.— *Syn. Gen. p.* LXXXVII.

Tab. 144. Agaricus zonarius Bolt.

Agaricus (*Lactifluus*) *testaceus*; pileo planiusculo fulvo-cinnamomeo, lamellis pallescentibus, stipite crassiusculo. Pers. Syn. F. p. 431.— Alb. Schw. Consp. F. p. 209.— *Syn. Gen. p.* LXXXV.

Tab. 145. Agaricus cyathoides Bolt.

Agaricus (*Omphalia*) *cyathoides*; pileo subtenui primo planiusculo dein infundibuliformi umbrino, lamellis decurrentibus ex albido fuscescentibus, stipite longissimo bulboso, radiculis copiosis fibrosis. Pers. Syn. F. p. 460. — Fr. Obs. myc. Pars II. p. 205. — *Syn. Gen. p.* LXXXIII.

Tab. 146. Agaricus carnosus Bolt.

Agaricus (*Pleuropus*) *fornicatus*; solitarius, compactus, pileo planisuculo sublivido, lamellis distinctis subdecurrentibus rutilis, stipite brevissimo tomentoso subexcentrico. Pers. Syn. F. p. 475.— *Syn. Gen. p.* LXXXIII.

Tab. 147. Agaricus bulbosus Bolt.

Agaricus (*Cortinaria*) *bicolor*; pileo carnoso convexo rufescenti-fusco, margine involuto subtomentoso, lamellis dilute violaceis, stipite crasso subtuberoso tomentoso concolore. Pers. Syn. F. p. 281. — Alb. Schw. Consp. F. p. 154. — Ag. personatus. Fr. Obs. myc. Pars II. p. 89. — *Syn. Gen. p.* LXXXVII.

Ic. Ag. violaceus Sowerb. Engl. F. Tab. 209. — Schaeff. Fung. Bav. Tab. 53.

Tab. 148. Agaricus ramoso - radicatus Bolt.

Agaricus (*Cortinaria*) *inopus*; subcaespitosus, pileo carnoso convexo sicco flavescente, disco obscuriori, lamellis adnatis argillaceis, stipite farcto albido fibrilloso. Fr. Obs. myc. Pars II. p. 32. — *Syn. Gen. p.* LXXXVI.

Tab. 149. Agaricus flavidus Bolt.

Agaricus (*Coprinus*) *Boltonii*; stipitatus (tener), pileo hemisphaerico centro saepe fastigiato (umbonato) pallide flavo, stipite basi crassiusculo, velo fugaci. Pers. Syn. F. p. 414. — Fries Obs. myc. Pars II. p. 186. — *Syn. Gen. p.* LXXXVIII.

Tab. 150. Agaricus cinnamomeus Bolt.

Agaricus (*Cortinaria*) *cinnamomeus*; pileo subcarnoso umbonato glabro nitide cinnamomeo-rufo (dilute castaneo), lamellis latiusculis cinnamomeis, stipite longiusculo (primo subbulboso) dilutiore. Pers. Syn. F. p. 297. — Alb. Schw. Consp. F. p. 161. — Mart. Fl. Erl. p. 437. — Fr. Obs. myc. Pars II. p. 35. — *Syn. Gen. p.* LXXXVI.

Tab. 151. Agaricus oreades Bolt.

Agaricus (*Gymnopus*) *Oreades*; gregarius, pileo convexo obtuse umbonato flavofusco, lamellis angustis basi liberis stipiteque tenui fistuloso albis. — Ag. oreades. Fr. Obs. myc. Pars II. p. 117. — Flor. Dan. Tab. 127 — *Syn. Gen. p.* LXXXI.

Tab. 152. Agaricus cinctulus Bolt.

Agaricus (*Coprinus*) *cinctulus* Pers. Syn. F. p. 411. (ex Bolt.) — *Syn. Gen. p.* LXXXVIII.

Tab. 153. Agaricus albus Bolt.

Agaricus leucocephalus Bull. — Pers. Champ. comm. p. 211. — Ag. Cossus Sowerby, Fr. Obs. myc. Pars II. p. 144. — *Syn. Gen. p.* LXXXII.

Ic. Schaeff. Fung. Bav. Tab. 238.

Adn. Ab Agarico (Gymnopode) eburneo Pers., Syn. Fung. p. 364, pileo disco lutescente differt.

Tab. 154. Agaricus pseudoclypeatus Bolt.

Agaricus (Mycena) galericulatus; caespitosus, pileo membranaceo striato hemisphaerico umbonato livido, lamellis distinctis albis latiusculis, stipite laevi radicato, basi hirto. Pers. Obs. myc. Pars II. p. 57. — Fr. Obs. myc. Pars II. p. 158. — *Syn. Gen. p.* LXXXIV.

Tab. 155. Agaricus Alumnus Bolt.

Agaricus (Gymnopus) tuberosus; gregarius, parvus, albidus, pileo convexo papillato, stipite brevi subrufescente tubeirbus innato. Pers. Syn. F. p. 374. Obs. myc. Pars II. p. 52. — Mart. Fl. Erl. p. 348. — Alb. Schw. Consp. F. p. 190. — *Syn. Gen. p.* LXXXIII.

Ic. Ag. Amanitae Batsch El. F. Tab. 18. fig. 93.

Tab. 156. Agaricus tomentosus Bolt.

Agaricus (Coprinus) cinereus; pileo conico sulcato subtomentoso cinereo, apice laevi livido, margine demum lacerato inflexo, lamellis linearibus punctatis subflexuosis, stipite longo squamuloso. Var. *β* Pers. Syn. F. p. 399. — Alb. Schw. Consp. F. p. 199. — Mart. Fl. Erl. p. 442. — *Syn. Gen. p.* LXXXIX.

Ic. N. ab E. Syst. fig. 203.

Tab. 157. Agaricus flabelliformis Bolt.

Agaricus (Pleuropus) flabelliformis Pers. Syn. F. p. 479 (ex Bolt.) — Fr. Obs. myc. Pars I. p. 42. — *Syn. Gen. p.* LXXXIV.

Tab. 158. Agaricus coriaceus Bolt.

Agaricus (Pleuropus) coriaceus; coriaceus, zonatus, tomentosus, pallescens, lamellis subramosis ligneo-pallidis. Pers. Syn. F. p. 486. — Alb. Schw. Consp. F. p. 233. — Daedalea betulina Fr. Obs. myc. Pars I. p. 104. — *Syn. Gen. p.* XCVIII.

Ic. N. ab E. Syst. fig. 182. B.

Tab. 159. Boletus betulinus Bolt.

Boletus betulinus; substipitatus, majusculus, pileo carnoso-suberoso reniformi fuligineo-rufescente, subtus albido. Pers. Syn. F. p. 535. — Alb. Schw. Consp. F. p. 251. — Polyporus betulinus Fr. Obs. myc. Pars I. p. 127. — *Syn. Gen. p.* XCVIII.

Tab. 160. Boletus confragosus Bolt.

Daedalea confragosa; coriaceo-lignea, scabrosa, zonata, lateritio-fusca, sinulis labyrinthiformibus cinereis. Pers. Syn. F. p. 501. — *Syn. Gen. p.* XCVIII.

Tab. 161. Boletus hispidus Bolt..

Boletus hispidus; acaulis, ferrugineus, pileo crasso villoso-strigoso subtus pallido. Pers.

Syn. F. p. 526. — Alb. Schw. Consp. F. p. 248.— Polyporus hispidus. Fr. Obs. myc. Pars II. p. 260. — *Syn. Gen.* p. XCVII.

Tab. 162. Boletus suberosus Bolt.

Boletus suaveolens; odoratus, crassus, subsuberosus, pileo subtomentoso albo, poris maiusculis fuscescentibus, nonnullis superficie inaequali prominulis acutis. Pers. Syn. F. p. 530. — Alb. Schw. Consp. F. p. 250. — Mart. Fl. Erl. p. 429. — *Syn. Gen. p.* XCVII.

Ic. N. ab E. Syst. fig. 220.

Tab. 163. Boletus unicolor Bolt.

Systotrema cinereum; imbricatum, suberosum, pileo dimidiato hirsuto, subtus cinereo. Pers. Syn. Fung. p. 551. — Boletus decipiens Gmel. Syst. N. II. p. 1437.— Schrad. Spic. p. 169. — Systotrema cinereum Alb. Schw. Consp. F. p. 260. — *Syn. Gen. p.* XCIX.

Ic. N. ab E. Syst. fig. 230.

Tab. 164. Boletus heteroclitus Bolt.

Boletus heteroclitus Pers. Syn. F. p. 528. (ex Bolt.) — *Syn. Gen. p.* XCVII.

Tab. 165. Boletus resupinatus Bolt.

Boletus (Poria) spongiosus Pers. Syn. F. p. 543. (ex Bolt.) — *Syn. Gen. p.* XCVII.

Tab. 166. Boletus Proteus Bolt.

Boletus (Poria) Medulla panis; (albus, durus), effusus, planus, crustaceus, superne perforatus, tubulis obliquis (rectisque). Pers. Syn. F. p. 545. — Alb. Schw. Consp. F. p. 256. — *Syn. Gen. p.* XCVII.

Tab. 167. fig. 1. Boletus lacrymans Bolt.

Systotrema obliquum nobis; resupinatum, glabrum, ex albido ferrugineum, margine porosum, centro dentatum, dentibus obtusis imbricatis. — *Syn. Gen. p.* XCIX.

Tab. 167. fig. 2. Boletus Medulla panis Bolt.

Systotrema quercinum; glabrum, pallidum, subrufescens, dentibus crassis difformibus incisis subadpressis. Pers. Syn. F. p. 552. Obs. myc. Pars II. p. 17. — Alb. Schw. Consp. F. p. 262. — Mart. Fl. Erl. p. 452. — *Syn. Gen. p.* XCIX.
Ic. N. ab. E. Syst. fig. 231.

Tab. 168. Boletus Calceolus Bolt.

Boletus badius β Calceolus; coriaceus, sessilis aut stipitatus, pileo dimidiato tenui sublateritio tigrino, tubis brevibus. Pers. Syn. F. p. 523. — *Syn. Gen. p.* CXVII.

Tab. 169. Boletus annularius Bolt.

Boletus cortinatus; stipitatus, pileo luteo centro aurantio carne alba crispa firma, tubis luteis, cortina (annulo ?) alba. Pers. Syn. F. p. 503. — Bol. annulatus Alb. Schw. Consp. F. p. 238. — Bol. luteus

Fr. Obs. myc. Pars II. p. 242. — *Syn. Gen. p.* XCVI.
Ic. Flor. Dan. Tab. 1135.

Tab. 170. Boletus substrictus Bolt.

Boletus murinus nobis; pileo pulvinato subtomentoso ferrugineo-subcinerascente, poris angulatis mediocribus stipiteque medio tenuiori laevi concoloribus. — B. subtomentosus ε murinus. Pers. Obs. myc. Pars II. p. 10. — *Syn. Gen. p.* XCVI.

Tab. 171. Hydnum minimum Bolt.

Dubius fungillus, an Gasteromycetis cuiusdam primordia?

Tab. 172. Helvella mesenterica Bolt.

Thelephora (Stereum) mesenterica; magna, coriaceo-gelatinosa, pileo horizontali subtenui tomentoso cinereo-fusco subtus purpurascente, plicis longitudinalibus sparsis. Pers. Syn. F. p. 571. — Merulius mesentericus Schr. Spic. p. 138. — Thelephora (Stereum) mesenterica Alb. Schw. Consp F. p. 275. — *Syn. Gen. p.* LXXV.

Obs. An Generi Auriculariae Link adscribenda?

Tab. 173. Helvellea caryophyllea Bolt.

Thelephora (Stereum) terrestris; subimbricata, obscure fusca, pileo applanato fibroso-strigoso. Pers. Syn. F. p. 566. — Thelephora mesenteriformis Gm. Syst. N. II. 1440. — Schrad. Spic. p. 182. — *Syn. Gen. p.* CI.

Ic. Agaricus tristis Batsch. El. F. fig. 121.

Tab. 174. Helvella nicotianea Bolt.

Thelephora (*Stereum*) *ferruginea*; effuso-reflexa, ferruginea, pileo tenui subtomentoso laeviusculo subtus piloso. Pers. Syn. F. p. 569. — Alb. Schw. Consp. F. p. 273. — Stereum ferrugineum. Fr. Obs. myc. Pars II. p. 274. — *Syn. Gen. p.* CI.

Tab. 175. Helvella vesiculosa Bolt.

Peziza Marsupium β pyxidata; maior, subsolitaria, flavescens. Pers. Syn. F. p. 641. — *Syn. Gen. p.* CIII.

Ic. Schaeff. Fung. Bav. Tab. 280.

Tab. 176. Helvella fibuliformis. Bolt.

Peziza Fibula Pers Syn. F. p. 660. (ex Bolt.) — *Syn. Gen. p.* CIV.

Tab. 177. Helvella membranacea Bolt.

Merulius lobatus; acaulis, difformis, subfuscus, margine varie lobato-crispato, venis ramosis anastomosantibus. Pers. Syn. F. p. 494. — Merulius muscigenus Schr. Spic. p. 137. — *Syn. Gen. p.* C.

Tab. 178. Lycoperdon gossypinum Bolt.

Fig. super. *Onygena gossypina nobis*; gregaria, albida, peridio turbinato flocoso-furfuraceo. — *Syn. Gen. p.* LXVIII.

Fig. infer. *Onygena fusipes nobis*; gregaria, albida, peridio orbiculari flocoso-pulverulento, stipite ventricoso. — *Syn. Gen. p.* LXVIII.

Tab. 179. Lycoperdon stellatum Bolt.

Geastrum Boltonis nobis; argillaceum, multifidum, peridio pedicellato globoso, primum coeruleo reticulato, demum laevi concolore, ore plano. — *Syn. Gen. p.* LXX.

Tab. 180. Sphaeria concentrica Bolt.

Sphaeria concentrica; obovata subrotundaque, magna, intus stratis concentricis interrupta. Pers. Syn. F. p. 8. — Alb. Schw. Consp. F. p. 3. — Mart. Fl. Erl. p. 476. — *Syn. Gen. p.* CX.
Ic. Sph. tunicata Tode Fung. Meckl. Tab. 17. fig. 130. — Sph. concentrica N. ab E. Syst. fig. 308.

Tab. 181. Sphaeria maxima Bolt.

Sphaeria deusta; late effusa, crassa, undulato-rugosa, pustulata, primo carnosa, cinereo-albida, pulverulenta, demum nigra, rigida. Pers. Syn. F. p. 16. — Alb. Schw. Consp. F. p. 6. — Mart. Fl. Erl. p. 479. — *Syn. Gen. p.* CX.
Ic. N. ab E. Syst. fig. 316.

Tab. 182. Sphaeria riccioidea Bolt.

Sphaeria (*Xylaria* Pers. Champ., Cordylia Fr.) *riccioides nobis*; clavaeformis, caespitosa, carnosa, rufo-fulva, clavulis radiatim decumbentibus divisis. Sph. militaris β polycephala Pers. Syn. F. p. 2. (?) — *Syn. Gen. p.* CXI.
Ic. Acrospermum lichenoides Tode Fung. Meckl. Fasc. I. Tab. II. fig. 15. a. b.

Cum Synopsis nostra Generum plantarum mycetoidearum, p. XLVII— CXII, iam typis mandata esset, ad manus venerunt novissimi labores Friesii, viri de Mycologia longe meritissimi, quo suavissimi Amici nostri dono, vel ad calcem huius opusculi, ad explendam Synopsin nostram non uti, nefas ducebamus, etiamsi certi simus, fore, ut mox edito Systemate suo mycologico, literato orbi iam per aliquod tempus desideratissimo, et nostras, quas hic offerimus, symbolas, et aliorum forsitan in scopum eundem curas posteriores, expleat celeberrimus Vir quin tradat oblivioni.

Ultra quadraginta Genera nova, a Cl. Friesio constituta, invenies in libris, qui sequuntur:

Kongl. Vetenskaps Acad. nya Handl. 1816 — 19.

Symbolae Gasteromycorum, ad illustrandam Floram Suecicam. Fasc. I. Lundae 1817.

Novitiae Florae Suecicae. Pars V. Continuatio. Lundae. MDCCCXIX.

Scleromyceti Sueciae. Decas V — XIV. Lundae. 1820.

Ex his, quae l. c. clarius exponuntur, nunc indicanda sunt.

p. XLVII. 1 A. *Roestelia* Link. Adde: (Cancellaria Dec.)

p. XLIX. 7 - 8 *Septaria Fries* (Novit. V.) Sporidia cylindrica, septata, pellucida, instrata. — (Stilbospora Uredo Dec.)

p. L. 14 - 15. *Psilonia Fries* (Novit. V) — Est Tubercularia Buxi Dec., quae forte Illosporio generi adscribi posset.

ib. 20 - 21. *Sclerococcum Fries* (Novit. V.) Sporidia globosa, non septata, inter se et cum stromate tenui in tuberculum arcte conglutinata.

ib. 21 - 22. *Crinium Fries* (Novit. V) Sporidia in stromatis erecti cylindrici cornei intus floccoso - fistulosi apice capitulo gelatinoso immersa. — (Acrosporium calyciiforme Fr. Obs. II. p. 311.)

ib. 23 - 24. *Rhizostroma Fries* (Novit. V.) Sporidia stromatis pinnatim repentis ramosi lanuginosi intus stuppei apicibus dilatatis inspersa. Tubercula homogenea, stromati innata. — (Rhizomorpha Xylostroma et corticata.)

p. LII. 34 e. *Anthina Fries* (Novit. V. - Ceratonematis species Roth. Catal.) Flocci in massam membranaceam carnosam ramulosam apice flocculosam concreti. — „Est Merisma ascis destitutum.“ Fr. l. c.

— — f. *Leiostroma Fries* (Novit. V.) Flocci denique concrescunt in cutieulam expansam, superficie glabra. — „Est Thelephora (Stereum p. CI. 179.) ascis nullis."

p. LVI. 58-59. *Clissosporium Fries* (Novit. V.) Flocci moniliformes Sporidia in vesicula globosa sessili apice rumpente et mitrata inclusa. — „Est Torula vesicula Ascophorae." Fr. l. c.

p. LVIII. 67-68. *Herpotrichum Fries.* (Novit. V.) Flocci simplices, reptantes, articulati, articulis longitudinaliter plicatis. *)

ib. 69 - 70. *Dendrina Fries* (Novit. V.) Flocci radiatim expansi, continui, persistentes. — Species, huc relatae, sunt „Byssocladia aspora." Fr. l. c.

p. LX. 78 - 79. *Plegmatium Fries* (Novit. V.) — „Est Racodium, fibris septatis." Fr. l. c.

ib. 80 - 81. *Oncidium* N. ab E. (*Kunze u. Schmidt Myc. H.* ined.) Flocci ramosi, intricati, hinc inde conglomerati, apicibus emergentibus crassis uncinatis. Sporidia globosa, cum floccis conglomerata.

ib. 81. *Campsotrichum Ehrenb.* Adde: (Rignotrichum Kunze in litt.)

p. LXV. 104 - 5. *Perichaena Fries* (Symb. Gasterom. p. 11.) Sporangium mem-

*) De *Synaphia* genere vide Corrigenda ad calcem.

branaceum, circumscissum. Sporidia coacervata. Flocci parci, intexti. — (Licea strobilina Alb. Schw., Lic. circumscissa P., aliae.)

p. LXVII. 115 - 16. *Diachea Fries* (Nov. V.) Sporangium membranaceum, rumpens. Sporidia libera. Flocci reticulati, stipite perforati. — (Stemonitis elegans Trentep.)

p. LXXI. 134-35. *Myriococcum Fries* (Sclerom. Suec. Dec. VII. N. 70.) Sporangium membranaceo-furfuraceum, superne evanescens. Sporangiola copiosa, polyspora. Sporidia conglobata. — Myr. praecox Fr. l. c. est veluti Spumaria inter Angiogasteres.

p. LXXII. *Pisocarpium.* Adde: Pisomyces Fries (Symb. Gasterom.)

ib. 137 - 38. *Nidularia Fries* (Symb. Gasterom.) Sporangium rotundatum, apice rumpens, cavum. Peridiola libera, in fundo nidulantia, (lenticularia). — Cyathus farctus Roth. Cat. et al.

p. LXXV. 148 - 49. *Anixia Fries* (Novit. V.) Carnosa, intus demum cava apiceque dehiscens. Sporidia massae internae succulentae immersa.) — (Spec. nova: *A.* nemoralis; difformis, alba.)

p. LXXVI. 150-51. *Rhizopogon Fries* (Symb. Gasterom. p. 5.) Cortex firmus, fibrarum barba radicans, apice rumpens. Sporangiola in massa carnosa uniformi sparsa, (primo pulposa.) - Sp. Rhizop. luteolum Fr.

p. LXXVI. 154-55. Forte medio hoc loco ponendum esset genus *Sparassis* Fries (Novit. V.), nobis incognitum.

p. LXXIX. 163. Asterophorae character ita ampliandus: Hymenium laeve vel lamellosum. (Fries. Symb. Gasterom.)

p. CII. 181-82. *Spadonia Fries* (Novit. V.) Batt. t. 40. f. A. E. - Character genericus desideratur.

p. CV. 190. *Shizoderma* Ehrenb. Adde: *Ectostroma* Fries (Novit. V.)

p. CVI. 196. *Cytospora* Ehrenb. Adde: *Bostrichia* Fries (*Vet. Acad. Handl.* — Scl. Suec. Decas VIII-XI. 109.)

ib. 198. *Placuntium* Ehrenb. Adde: *Rhytisma* Fries (*Vet. Acad. Handl.* — Scl. Suec. Dec. XIV. 133-135.)

ib. 198-99. *Excipula Fries* (*Vet. Acad. Handl.* - Sclerom. Suec. Dec. VIII.) Perithecium orbiculare, dehiscendo cupulaeforme, ore circulari. Asci discoidales, erecti, fixi. — (Peziza strigosa Fr. - Lecidea assercolorum Ach., al.)

p. CVII. 199. *Stegia Fries.* Nomen generis in *Eustegia* mutandum, ob Stegiam Dec., inter plantas phaenogamas recensitam.

p. CVIII. 205 - 6. *Cenangium Fries* (*Vet. Acad. Handl.*— Sclerom. Suec. Dec. XII.) Perithecia basi solida (saepe stipitiformia), apice subinania, clausa. Asci erecti, fixi. — (Sphaeria fallax Pers., Sph. Aucupariae Pers., al.)

p. CIX. 206 - 7. *Dothidea Fries* (Sclerom. Suec. Dec. XII.) Perithecia (libera vel) stromati immersa, ostiolo punctiformi. Asci in fundo erecti, fixi.

Adnot. Dothidea, pristinum genus (p. LXXIV.), deleatur maximam partem, quippe quod aliorum quorundam generum primordia tantum colligat.

p. CIX. 208. *Sphaeria.*

Adnot. Genus *Phoma* Fries (Novit. V.)— Sph. Pustula Pers.) novo charactere hic citandum.

p. CXII ad calcem. *Ecchinae* Fries et *Spilocaeae* Fries (Novit. V.), novis generibus, in Novit. V. obiter indicatis, locum inter reliqua certum assignare nequivimus.

Beschreibung
der
um Halifax wachsenden

P I L Z E,

enthaltend
241 Pilzarten in 900 Figuren,
auf 182 Kupfertafeln,
alle von dem Verfasser nach der Natur gemahlt, gestochen und colorirt, mit einer ausführlichen Beschreibung jeder Art nach allen ihren Entwicklungszuständen, mit Angabe der Zeit, wann sie gesammelt wurde, des Bodens und Standorts, der Dauer und der besondern Wohnörter der neuen und seltenen Arten; auf reine mehr als zwanzigjährige Beobachtungen gegründet

von

James Bolton,

Mitglied der Naturforschenden Gesellschaft in Edinburg.

Natura semper eadem!

Aus dem Englischen mit Anmerkungen
von
Carl Ludwig Willdenow.

Fortgesetzt und mit einer Einleitung und einer erklärenden Übersicht sämmtlicher Tafeln versehen
von
Dr. Ch. G. Nees von Esenbeck
und
Dr. Th. Fr. Ludw. Nees von Esenbeck.

Berlin,
Bey G. Reimer.
1820.

Fortgesezte Einleitung.

Es kann nicht unzweckmässig seyn, hier einige Beobachtungen beyzufügen, die zur Erläuterung mehrerer in den vorhergehenden Theilen dieses Werkes beschriebener Schwämme dienen.

Tafel 14. *Agaricus serratus*. Ich fand diesen Schwamm in diesem Jahre (1791) sehr häufig in den Anlagen bey *Fixby Hall*, wo ich ihn in seinen verschiedenen Entwicklungsstufen untersuchte. Der im Anfange glatte und dunkel karmoisinrothe Hut erreicht eine bedeutende Grösse; in der Folge des Wachsthums dehnt sich aber die rothe Oberhaut nicht gleichförmig und ganz mit ihm aus, sondern springt in zahllose Streifen und Punkte auseinander, die ihre Farbe behalten, und, gleich Pinselstrichen, auf dem jetzt gelben Hut zurückbleiben. — Das Gewächs dauert einige Wochen, dehnt sich in die Breite und Länge und der Hut wird zulezt weich und schlaff. In diesem Zustande hat ihn wohl *Schaeffer* (T. 84) abgebildet.

Tafel 33. *Agaricus plumosus.* Seit der Bekanntmachung des ersten Bandes fand ich diesen Schwamm mit einem weissen und sehr zarten Ring, welcher schon in der Jugend zerreisst und verschwindet, wodurch er mir damals, als ich jene Figur zeichnete, entgieng.

Tafel 51 F. 2. *Agaricus croceus.* Ich fand diesen Schwamm neulich in einem vollkommneren Zustande, als der ist, welchen meine Figur darstellt; der Hut, 3 Zoll im Durchmesser, gesättigt Safrangelb, wird im Absterben braun.

Tafel 53. *Agaricus ciliaris.* Ich fand seitdem, dafs das, was ich für Haare an dem Rande des Huts hielt, keine sind, wie die Untersuchung anderer Exemplare von demselben Aussehen lehrte; diese Wimpern bestehen nemlich, mit der Lupe betrachtet, nicht aus Haaren, sondern sind die schwarzen Saamen des Gewächses, die, aus den Blättchen ausgeschieden, vermöge ihrer klebrigen Beschaffenheit fadenförmig an einander gereiht, rund um den Rand des Huts herum hängen bleiben. — Ich wurde zu dieser Entdeckung geführt, indem ich den Schwamm häufig ohne diese Wimpern und nur sehr selten mit denselben fand.

Tafel 54. *Agaricus striatus.* Ich habe Gründe, auf neuere Beobachtungen gestützt, anzunehmen, dafs der, auf jener Tafel vorgestellte, kleinere Schwamm, mit der körnigen Oberfläche, eine eigne, von *A. striatus* verschiedene Art sey.

Tafel 78. *Boletus albus.* Seitdem ich jene Figur zeichnete, fand ich, dafs die rothe Farbe am Grunde und der krausse Rand nur Eigenschaften der jungen Pflanze sind; im ausgewachsenen Zustande verschwindet das Roth fast völlig, und der Rand wird glatt und ganz. Die Poren sind zuweilen angenehm roth gefärbt. — Ich halte diese Art für einerley mit *Boletus salicinus* (*Bull. Pl.* 433. *F.* 1.)

Tafel 122. *Sphaeria bombardica.* Diefs Gewächs zeigt sich an den Stellen, wo es einmal Wurzel gefasst hat, mehrere Jahre hintereinander. Im ersten Winter bildet es eine einfache Lage, auf der sich nachher andere ansezzen, bis es gehäuft erscheint. Ich habe es im ersteren Zustande beschrieben und abgebildet; *Lighfoot* und *Relhan* sahen es, wie ich glaube, im letzteren.

Tafel 129. *Sphaeria digitata*. Einige meiner botanischen Freunde wollen nicht mit mir übereinstimmen, wenn ich *Sphaeria digitata* und *hypoxylon* für Varietäten derselben Art halte, und ich erhielt Exemplare, die gänzlich von allen, auf meiner Tafel vorgestellten, abweichen. Diess Gewächs ist ein wahrer Proteus und ich war nicht im Stande, auch nach den genauesten Untersuchungen bestimmte Unterscheidungs-Kennzeichen zwischen diesen zwey vermeinten Arten aufzufinden. Man vergleiche *Schaeffer* Tafel 328 und *Bulliard Pl.* 440 *F.* 1. Doch scheinen mir diese beyden Figuren einen Mittelzustand darzustellen, der eben so gut der einen, wie der andern Art zukommt.

Ich bin immer geneigt, anzunehmen, daſs die von den Autoren gelieferten Figuren treue und sorgfältige Nachbildungen des Gegenstandes seyen, wie er ihnen im frischen Zustande beym Zeichnen vor Augen lag. Die meinigen sind so. Ich habe mich bemüht, jeden Gegenstand gerade so darzustellen, wie ich ihn in der Natur fand, ohne mir aus Rücksicht auf Schönheit oder Zierlichkeit irgend eine Veränderung zu erlauben. Nicht unwahrscheinlich ist es, dafs diese Gewächse in Grösse, Glätte der Oberfläche, Glanz der Farbe u. s. w. nach dem Grade der Wärme und des Reichthums des Bodens und Climas, worin sie wachsen, abändern. Wer die Figuren meiner Schwämme mit den glühenden Farben, die ihnen von *Schaeffer* zugetheilt wurden, oder mit dem vollen und reichen Aussehen der meisten Bulliardschen verglicht, kann sich selbst einen Begriff von dem grossen Unterschied machen, welcher zwischen den kalten und unfruchtbaren Gebirgen von Yorkshire, den reichen und fruchtbaren Wäldern Baierns und den anmuthigen Gefilden Frankreichs statt findet.

Der geistreiche Bulliard hat kürzlich den Theil seines schönen Werks vollendet, welcher von den Schwämmen Frankreichs handelt.

Dieses Werk besteht aus nahe an 300 colorirten Kupfertafeln; von den kleinern Schwämme sind mehrere auf einer Tafel dargestellt, von den grösseren nur einer, von beiden aber sind manche Spielarten auf andern Tafeln als eigne Arten abgebildet.

Zugleich hat Bulliard eine neue Anordnung der Pilze (*Genera Fungorum*) geliefert und da diese vielen meiner Landsleute noch nicht in die Hände gekommen seyn dürfte, so wird es ihnen hoffentlich nicht unwillkommen seyn, hier die Folge, in welcher er die Gattungen aneinander gereiht hat, und die charakteristischen Merkmale derselben kennen zu lernen.

Das Ganze wird in 4 Hauptordnungen getheilt.

Die erste begreift alle diejenigen Schwämme, die ihre Saamen innerhalb der Substanz ihres Fleisches erzeugen, und enthält zehen Gattungen: *Tuber*, *Reticularia*, *Mucor*, *Trichia*, *Sphaerocarpus*, *Lycoperdon*, *Nidularia*, *Hypoxylon*, *Variolaria*, *Clathrus*.

Die zweyte hat zwey Gattungen: *Clavaria* und *Tremella*.

Die dritte begreift ebenfalls zwey Gattungen: *Peziza* und *Phallus*.

Die vierte enthält sechs: *Auricularia*, *Helvella*, *Hydnum*, *Fistulina*, *Boletus*, *Agaricus*.

Diese letzte Gattung, *Agaricus*, soll in einem besonderen, noch nicht erschienenen Bande, abgehandelt werden.

Mucor, *Clathrus*, *Sphaeria*, *Helvella etc.* anderer Autoren sind von einander getrennt und an verschiedenen Stellen dieser Anordnung aufgeführt. Wir finden eine Gattung *Clathrus*, die aus einer einzigen Art besteht, nemlich *Cl. can-*

cellatus. Die siebente Gattung (*Nidularia*) begreift ausschliesslich die *Peziza lentifera, striata* und *laevis* der Autoren. *Boletus hepaticus* bildet die achtzehnte Gattung, unter dem Namen Fistulina. Bulliards zweyte Gattung, *Reticularia,* besteht aus den fettigen und rahmigen Schimmeln. Die erste Gattung, *Tuber*, wozu die Trüffel gehören, wird mit Recht von den stäubenden Bovisten getrennt. — Was *Haller* und andere *Sphaeria* nennen, wird in drey Gattungen: *Hypoxylon, Variolaria* und *Clavaria* zerrissen. Zu *Helvella* zählt der Verfasser nur diejenigen Schwämme, die ihre Saamen auf der unteren Seite, zu *Peziza* nur solche, die sie auf der oberen Seite ausscheiden. Nach dieser Bestimmung kommen manche Helvellen der Autoren zu *Peziza,* und umgekehrt. Ob diese Neuerungen recht und nothwendig, und in wie fern sie in den Gesetzen der Natur und der Wissenschaft begründet seyen und durch diese bestätigt werden mögen, diess überlasse ich der genauen Untersuchung und Erforschung derer, die Neigung und Gelegenheit haben, dieses angenehme Studium zu verfolgen.

Der Verfasser hat seine Gattungs-Charaktere durch besondere, verkleinerte Abbildungen einzelner Arten erläutert, welche sehr schön auf zwey Tafeln in Folio gestochen sind; eben so sind seine mikroskopische Untersuchungen in vielen zierlichen Figuren auf zwey anderen Foliotafeln dargestellt. Die folgenden Blätter sollen die wichtigsten Charaktere der Gattungen enthalten.

Erste Gattung. TUBER.

Unterirdische, fleischige und feste Schwämme, die in jedem Alter mit Substanz erfüllt sind; sie bringen ihre Saamen im Innern, und diese werden nie als Staub ausgeschieden, sondern pflanzen, nach dem Absterben des Schwamms, die Art unter der Erde fort.

Zweyte Gattung. RETICULARIA.

Pilze, die im ersten Zustande weich und mit einer dicken Flüssigkeit erfüllt sind, nachher aber eine solche Bindung erlangen, dafs sie im trockenen Zustande zerreiblich werden; zerbrochen, zeigen sie ihre Saamen in Gestalt eines Staubes, welcher bey einigen zwischen verflochtenen Fasern liegt, bey anderen mit zartem häutigem Netzwerk durchzogen, und wieder bey anderen in eine lederartige Hülle eingeschlossen ist.

Dritte Gattung. MUCOR.

Kleine, vergängliche Pilze, die einzeln oder in Rasen beysammen wachsen; sie bestehen aus sehr zarten, einfachen oder ästigen Stielchen, die entweder mit nackten Saamen endigen, oder wie mit Flocken aus dünnen, zusammengeballten, mehr oder minder abstehenden Aesten, deren jeder aus aneinander gekettenten Saamen besteht, oder auch mit einem blasenförmigen, runden oder ovalen Gehäuse, welches die Saamen ohne sichtbares Netzwerk in sich trägt.

Vierte Gattung. TRICHIA.

Kleine, gestielte Pilze, die gewöhnlich auf einer gemeinschaftlichen häutigen Unterlage aufsitzen. Das Fruchtgehäuse ist im Anfang kreiselförmig, länglich oder walzenförmig, durchscheinend, an Weichheit und weisser Farbe dem Schaum der Milch zu vergleichen, — nachher wird es undurchsichtig und kugelförmig; im Innern bildet sich ein fadiges Netzwerk, und von aussen eine aus verflochtenen Haaren bestehende Membran, welche sich späterhin gitterförmig öffnet und durch die auf der ganzen Oberfläche entstehenden Oeffnungen die Saamen ausschüttet.

Fünfte Gattung. SPHAEROCARPUS.

Kleine, fleischige oder lederartige Pilze ruhen, dicht gedrängt, auf einer gemeinschaftlichen häutigen Unterlage; sie sind gestielt oder sitzend. Das kugel-, kreisel- oder walzenförmige Fruchtgehäuse ist zuerst dicht, fest und undurchsichtig, zerreist endlich in mehrere unregelmässige Theile und entlässt die Saamen aus einem Haargeflechte.

Sechste Gattung. LYCOPERDON.

Pilze mit einem in der Jugend dichten und fleischigen Fruchtbehälter, der nachmals in einen aus Saamen und Flocken bestehenden Staub zerfällt, welcher durch eine an der Spitze entstehende Oeffnung austritt und zuletzt die häutige Hülle leer zurücklässt.

Siebente Gattung. NIDULARIA.

Kleine, häutige, lederartige, sitzende Pilze, die in der Gestalt einem Becher oder einer umgekehrten Glocke gleichen und im Grunde Linsen ähnliche Saamen bergen; sie sind ziemlich breit und gefusst *)

---

*) Im Original steht „*footstalked*" gestielt; da aber keine der bekannten Arten von *Nidularia Bull.* (*Cyathus P.*) mit ei-

Achte Gattung. HYPOXYLON.

Kleine, lederartige oder holzige Schwämme, die in der Jugend mit einem, gewöhnlich sehr sichtbaren, männlichen Staub bestreut sind; sie bringen zahlreiche Saamen, die mit einer gallertartigen Feuchtigkeit in kleinen Zellen liegen und sind also einhäusig.

Neunte Gattung. VARIOLARIA.

Kleine, holz-oder lederartige Schwämme, die zuweilen aus mehreren, knopfförmig zusammengehäuften Zellen, zuweilen nur aus einer einzigen Zelle bestehen, aus der Rinde todter oder vertrokneter Bäume entspringen, mehr oder minder tief in derselben fest sitzen und mit einer Oberhaut bedeckt sind. Sie tragen ihren Saamen, mit einer gallertartigen Feuchtigkeit vermischt, in kleinen Zellchen.

Zehnte Gattung. CLATHRUS.

Schwämme, aus fleischigen, langen und runden Aesten bestehend, die sich kreuzweise oder

---

nem Strunk versehen ist, so deuten wir dieses auf die fussförmige, zottige Ausbreitung am Grunde der meisten Becherpilze und haben demnach den obigen Ausdruck gewählt.

gitterförmig und gleichsam bogig unter einander verbinden und die Saamen im Innern erzeugen. Wir kennen bis jezt nur eine Art; sie ist sizzend, hat einen Wulst und die Saamen liegen in einer saftigen Masse.

Eilfte Gattung. CLAVARIA.

Lange, aufrechte, walzen- oder keulenförmige Schwämme, die auf allen Seiten der Oberfläche ihre Fruchtkörner ausscheiden.

Zwölfte Gattung. TREMELLA.

Gallertartige, knorpelige oder fleischige Schwämme, die auf verschiedene Art sich ausbreiten, gewöhnlich sitzend sind und ihre Saamen auf allen Theilen der Oberfläche hervorbringen.

Dreyzehnte Gattung. PEZIZA.

Oben in Gestalt eines Napfes, eines Schilds oder einer Büchse, auch wohl blasen- oder beutelförmig ausgehölte Schwämme, die nur auf dieser Seite allein die Saamen, öfters stossweise mit Unterbrechungen, wie durch Reitze veranlasst, auswerfen.

Vierzehnte Gattung. PHALLUS.

Gestrunkte Schwämme, deren oberes hutförmiges Ende zu Zellen ausgehölt ist, aus denen sie ihre Saamen ergiessen.

Fünfzehnte Gattung. AURICULARIA.

Kleine, gewöhnlich häutige Pilze, die an Baumstämmen oder auf der Erde mit ihrer unteren Seite ansitzen; im Alter und bey grösserer Entwicklung lösen sie sich und wenden sich um; sie scheiden ihre Saamen aus der oberen Fläche, die nun die untere geworden ist, nur allmählig und langsam aus.

Sechzehnte Gattung. HELVELLA.

Schwämme, die gewöhnlich aufrecht wachsen und ihre ursprüngliche Form bey weiterer Entwicklung nicht verändern; sie entbinden ihre Saamen in kurzer Zeitfrist aus der unteren entweder glatten oder adrigen Fläche stossweise mit Unterbrechungen, wie durch Reitzung.

Siebenzehnte Gattung. HYDNUM.

Schwämme, die auf der unteren Seite in dichte, gewöhnlich walzenförmige, senkrecht nach dem Boden gerichtete Stacheln auslaufen, welche auf jedem Punkte ihrer Oberfläche Saamen entwickeln.

Achtzehnte Gattung. FISTULINA.

Schwämme mit gesonderten Röhren an der unteren Fläche, den Stacheln des *Hydnum* ähnlich, in denen die Saamen enthalten sind. Bis jetzt wurde nur eine Art dieser Gattung beobachtet; diese ist fleischig, weich und in zwey Theile getheilt.

Neunzehnte Gattung. BOLETUS.

Schwämme mit Löchern oder engen, unter einander verbundenen, Saamen tragenden Röhren auf ihrer unteren Seite. Diese Röhren oder Poren scheinen in einigen nur an das Fleisch des Huts angeklebt, in andern sind sie fest mit ihm verbunden und gleichsam eine Verlängerung desselben. Die Natur deutet selbst die Theilung der Gattung in zwey Ordnungen an. Die erste begreift alle diejenigen Arten, in denen die Röhren oder Löcher nur lose an dem Fleich anhängen, so dafs sie leicht getrennt werden können, — die zweyte dagegen diejenigen, deren Röhren aus dem Fleische selbst entspringen oder fest mit ihm verwachsen sind.

In dem allgemeinen Register, welches ich diesem Anhang beygefügt habe, hielt ich nicht für nöthig, alle die Synonyme zu sammeln, die ich bey der Beschreibung der einzelnen Arten gegeben habe. Der Zweck dieses Verzeichnisses geht hauptsächlich dahin, die besten Abbildungen der vorzüglichsten Schriftsteller anzugeben. Wo ich mir die Freyheit nahm, mehrere Namen und Figuren bey einer Art anzuführen, da geschah diess bloss, wenn ich das Gewächs selbst gesehen, es in verschiedenen Zuständen und Perioden der Entwicklung kennen gelernt und das ganze Ansehen desselben mit den Figuren und Beschreibungen solcher Abarten, (wenn es erlaubt ist, sie so zu nennen), ganz übereinstimmend gefunden hatte. — Ich könnte viele Beyspicle zur Erklärung dieser meiner Meynung anführen, aber ein's mag genug seyn.

In *Schaeffers* Geschichte der Schwämme finden sich unter andern folgende Arten: Tafel 105. *Boletus olivaceus,* Tafel 112. *B. crassipes,* Tafel 126. *B. ferrugineus,* Tafel 130. *B. appendiculatus,* Tafel 133. *B. cypreus,* Tafel 134. und 135. *B. bulbosus,* Tafel 315. *B. terreus.* Ich habe mich durch Beobachtungen überzeugt, dafs alle Figuren dieser 8 Tafeln zu einer Art, nemlich zu dem gemeinen gelben

Löcherschwamm gehören. Ich will nicht mit Bestimmtheit behaupten, dafs sie diess sind, aber ich weiss gewiss, dafs mir zu verschiedenen malen Exemplare, die sehr gut mit allen diesen Figuren übereinstimmen, vorgekommen sind. Ich habe sie gesammelt, untersucht, und als Spielarten von *Boletus luteus* übergangen, und selbst Schaeffer hat es vermieden, irgend einer der gedachten Formen diesen Namen zu geben. Dergleichen Beyspiele könnten in *Schaeffers* Werk mehrere nachgewiesen werden, und nicht in diesem allein.

Ich hatte stets, und habe noch jetzt eine Abneigung gegen die unnöthige Vermehrung der specifischen Namen in unserer botanischen Nomenklatur, und es giebt gewiss keine Pflanzenfamilie, in der man so leicht in diesen Irrthum fällt, als gerade bey den Schwämmen.

Man ist stolz darauf, der Erfinder oder Entdecker von etwas Neuem zu seyn. Bey nützlichen Dingen ist dieser Stolz lobenswürdig; aber einer bekannten Pflanze oder einem anderen Naturkörper einen neuen Namen zu geben, weil wir vielleicht ein Individuum gefunden haben, welches in seiner Gestalt abweicht, kleiner oder grösser oder krank durch ungünstige Nahrung oder Boden, oder in der Farbe verschieden ist, — diess halte ich nicht nur für eitel und lächerlich, sondern auch für verderblich in seinen Folgen. Demungeachtet kann man sich nicht jederzeit dafür hüten und nie ohne eine lange Bekanntschaft mit den Gegenständen, besonders wenn die specifischen Charactere so wenig bestimmt und auffallend sind, wie diess bey den meisten Gewächsen aus der reichen und ausgedehnten Classe der Cryptogamie der Fall ist.

Die widersprechenden Namen, die diesem oder jenem Wesen in der Naturgeschichte beygelegt werden, sind ein Stein des Anstosses auf dem Wege der Wissenschaft; es ist ein Uebel, aber man muss Nachsicht mit diesem Uebel haben, weil es unvermeidlich ist; denn wenn Mehrere, ohne sich zu kennen, in verschiedenen Reichen dasselbe Studium verfolgen und wenn wir dann annehmen, dafs dasselbe Ding jedem derselben in die Hände falle und keinem bekannt sey, so wird jeder für nöthig halten, ihm einen Namen, wenigstens einen specifischen, zu geben; er wird suchen, ihm einen solchen beyzulegen, der auf eine oder die andere Weise den untersuchten Gegenstand bezeichnet. Diesen wird er ihm geben, gemäss seiner eigenen Ansicht oder Vorstellung so wohl von dem Gegenstand selbst, als von dem ihm beygelegten Namen. — Allein die Ansichten und Vorstellungen der Menschen sind so verschieden, wie ihre Gesichter, so dass, wenn unter den oben angegebenen Umständen dasselbe Ding zwanzig verschiedenen Entdeckern oder Beschreibern unter die Hände kommen sollte, sicher nicht fünf unter den Zwanzigen es mit demselben Namen benennen werden. Diess ist die Hauptursache der Namen-Verwirrung, die mit jedem Tage wächst, und der nicht leicht, besonders in Bezug auf die Gewächse dieser Familie, abgeholfen werden kann.

Etwas dieser Art jetzt zu versuchen, würde vergebens seyn, da diese Forschungen einen Zweig der Wissenschaft bilden, der in manchen Theilen Europas noch nicht mit Geist bearbeitet wird; auch ist das Feld der neuen Entdeckungen noch immer so weit und reich, dafs jede neue Jahreszeit die Columnen unsrer alten Listen verlängert und beständig den Vorrath mehrt, der vielleicht noch nicht den fünften Theil derjenigen Gegenstände begreift, die entdeckt werden müssen, bevor wir zu dem Besitz einer vollständigen Nomenclatur gelangen können.

Einige Schwämme werden wegen ihres Wohlgeschmacks sehr hoch geschätzt, man geniesst sie theils für sich allein, theils werden sie zu Brühen benutzt; in Russland sollen alle Schwämme ohne Unterschied gegessen werden; Haller dagegen scheint sie als eine gefährliche und verderbliche Speisse zu verwerfen. Daſs sie stark wirkende Eigenschaften besitzen, ist bekannt, aber wir sind über die Natur dieser Eigenschaften noch sehr unwissend. Einige sind als giftig erkannt, — sollen wir sie darum weniger beachten? Sind nicht die wichtigsten Stoffe der Materia medica auch giftig? und doch enthalten sie Bestandtheile, die der Menschheit höchst wohlthätig sind. — Wer kann sagen, daſs diese Gewächse nicht reich an gleich nützlichen Eigenschaften seyn könnten, wenn sie nur wissenschaftlich untersucht und allgemein bekannt wären. Die Kenntniss ihres Gebrauchs und die Art der Anwendung muss das Resultat von Versuchen seyn, die vielleicht dem Fleiss künftiger Jahre vorbehalten sind. Aber weder in diesen noch in andern Dingen können die Eigenschaften genau erforscht werden, so lange die Arten nicht mit Sicherheit bestimmt sind. Das erstgenannte Geschäft mag dem folgenden Geschlecht aufbewahrt werden, das letztgenannte scheint dem jetzigen angemessen.

Stannary bey Halifax,
den 31. Dec. 1791.

Geschichte

der

um Halifax wachsenden Pilze.

Anhang.

177. Agaricus myodes: *stipitatus, pileo pallide rubro, superficie pustulata, pustulis subangulatis apicibus fuscis, velo albo permanente, stipite brevi, basi crassiusculo subrubro. Schaeff. p. 69 Nr. 149. Batarra p. 28 B.*

Amanita aspera Pers. Syn. F. p. 256.
» » » Observ. myc. II. p. 38.
» » Mart. Fl. Erl. p. 406.

Dickhalsiger Blätterschwamm.

Tab. 139.

Der Wurzelknoten ist dick und gleichsam mit unterbrochenen ringförmigen Falten bedeckt, von fester weisser Substanz, aussen blass-fleischfarb, mit braunen Wurzelzasern versehen und ohne Wulst.

Die Blättchen sind weiss, dünn, sehr zart länglich, und mit schmalem Nagel an der Spitze des Strunks befestigt.

Der Hut ist halbkugelförmig mit einwärts gebogenem ebenem und ganzem Rande.

Die Oberfläche ist mit eckigen Warzen, von mehreren oder wenigeren Seiten, bedeckt, die Farbe dieser Warzen ist die rothe des Huts, mit dunkleren Spitzen, die innere Substanz ist brüchich, schwammig und weiss.

Ich fand diese Art in trockenem Sandboden bey *Lee Bridge* 12. Junius 1790.

Anmerkung. Nach Persoon ist er stark riechend und der Hut zuweilen weiss gestreift.

---

178. AGARICUS congregatus: *stipitatus, pileo squamoso subfusco, lamellis albidis, petiolo tereti fuscescente basi crassiusculo, velo et annulo albido. Annularius Bulliard.* 377.

Agaricus (Lepiota) polymyces Pers. Syn. F. p. 269.
» » » Alb. Schw. p. 149.
» » » Mart. Fl. Erl. p. 408.

Geselliger Blätterschwamm.

Tab. 140.

Aus dem Wurzelknoten, der einen unförmlichen mit vielen Wurzelzasern versehenen

Klumpen bildet, kommen zahlreiche Strünke hervor.

Der Strunk ist 4 - 5 Zoll hoch, rund, an der Basis dicker, gegen die Spitze verdünnt, blassbraun, im Alter dunkler, innen weiss und elastisch.

Der Schleyer weiss, dick, flockig und elastisch; er entsteht aus dem dicken, weichen und flockigen Ring, der bis zum Absterben des Gewächses ausdauert.

Der Hut ist gewölbt und an dem oft gespaltenen oder zerschlitzten Rande zierlich einwärts gerollt, von brauner gegen die Mitte dunklerer Zimmtfarbe, mit wenigen, auf dem Scheitel zahlreicheren, dunkleren Büschgen oder Schuppen besetzt.

Er wächst in Wäldern, doch selten. Das abgebildete und beschriebene Exemplar fand ich in *Burks* bey *Halifax* im July 1790.

Anm. Persoon beschreibt die Blättchen weiss oder blass fleischfarb mit rostfarbenen Flecken, und zuweilen sollen 60 Individuen in einem Rasen beysammen gefunden werden. Dadurch, noch mehr aber durch den dicken, ausdauernden Ring, unterscheidet er sich leicht von dem essbaren *A. caudicinus P. Syn. F.* p. 271.

(Vergl. *Pers. Champ. p.* 189.)

179. (189.*) Agaricus melleus; *stipitatus, pileo convexo lutescente irrorato, lamellis pallidis, stipitibus annulatis farctis. Fl. Dan. Fasc. 17 P. 9. — Agaricus obscurus. Schaeffer P. 32. N. 65.

Honig - Blätterschwamm.

Tab. 141.

Der Wurzelknoten ist gross, dunkelbraun und bringt zuweilen einzelne, zuweilen mehrere, am Grunde durch zahlreiche braune Zasern vereinigte Schwämme hervor.

Der Strunk dicht, schwammig, nach der Basis dicker und dunkler gefärbt, zuweilen etwas schuppig.

Der Ring weiss, dick, wollig, zäh und ausdauernd, trennt sich, ohne zu zerreissen, von dem Rande des Huts, schrumpft zusammen und bleibt, einer etwas breiten Krausse ähnlich, am Strunke.

Die Blättchen stehen in dreifacher Ordnung, sind bogenförmig gewölbt, zuerst weiss, im Alter braun, und mit breitem Nagel an der Spizze des Strunks befestigt.

Der Hut ist in der Jugend gewölbt, wird dann flach, endlich trichterförmig, und zerreisst im Absterben; seine Farbe ist zimmtbraun, im

*) Im Original springt hier die Zahl durch einen Druckfehler von 70 auf 80. Wir lassen unsere Nummern regelmässig fortlaufen, schalten aber, der Citate des Originals wegen, die erhöhten Nummern desselben in Klammern ein.

Alter dunkler, und die Oberfläche mehr oder weniger mit einzelnen, noch dunkleren Büschgen oder Schuppen, in der Jugend aber, besonders bey feuchter Witterung, noch ausserdem mit einer honigthauartigen, klebrigen Feuchtigkeit bedeckt.

Diese Art fand ich häufig im *Schroggs-Walde* bey *Halifax* im Jahr 1790.

Anm. Nach Persoon soll dieser Schwamm von dem vorhergehenden nicht verschieden seyn, woran wir zweifeln möchten.

---

180. (190.) AGARICUS oblectus: *stipitatus, pileo ab initio albo-tomentoso postea striato pulvere rubro obducto lacerato, lamellis integris numerosis atris, stipitibus fistulosis albis, velo albo permanente. Fungus sterquilinus ex albo griseus. Mich. Gen. p.* 181.

Agaricus (Coprinus) oblectus Pers. Syn. F. p. 397.

Anmuthiger Blätterschwamm.

Tab. 142.

Der Wurzelknoten ist aufgeschwollen und schickt weisse flockige Zasern aus.

Der Strunk ist weiss, weich, auf der Oberfläche seidenartig und theilt sich leicht in weisse glänzende Fäden; innen ist er hohl und mit zartem seidenartigem Flaum erfüllt.

Der Ring weiss, weich, flockig, sondert sich von dem Hut, sobald der Strunk nur einen kleinen Theil seiner Höhe erreicht hat und bleibt am Grunde desselben bis zum Absterben des Gewächses zurück.

Die Blättchen, die in der Jugend mit einem fleischfarben, zuletzt schwarzen Staube bedeckt sind, rollen sich aufwärts und zerfliessen in eine trübe, schwarze Gallerte.

Der Hut, im Anfange mit einer weissen, flockigen, schnell verschwindenden Oberhaut bedeckt, bekommt dann eine gestreifte Oberfläche von zarter, bläulicher Fleischfarbe, welche in der Jugend und im Alter aus einem zarten Staube besteht, der zuletzt schwarz wird und zerfliesst.

Er wächst, wiewohl ziemlich selten, auf frischen Misthaufen bey *Halifax.*

---

181. (191.) AGARICUS cyaneus; *stipitatus, pileo pulvinato coeruleo-viridi, lamellis fuscis, stipite longo virescente.*

Agaricus (Pratella) glaucus nobis; caespitosus, pileo planiusculo stipiteque longiusculo cylindrico glauco-aeruginosis aetate fuscis, lamellis tridymis convexis glauco-ferrugineis, cortina fugaci. — Locus post A. aeruginosum.

Blaugrüner Blätterschwamm.

Tab. 143.

Der Wurzelknoten ist hart, mit wenigen weissen und zähen Zasern versehen, und bringt zuweilen einzelne, zuweilen mehrere Strünke hervor.

Der Strunk ist drey bis vier Zoll hoch, walzenförmig, aufrecht, blass-blaugrün und gegen den Grund mit einzelnen hautartigen Flocken von bleicherer Farbe besetzt; diese hautige Substanz ist der Rest des Schleyers, welcher in der Jugend des Gewächses zerreisst und theils hier, theils an dem Rande des Huts, zurückbleibt.

Die Blättchen in dreyfacher Ordnung, von dunkelgrauer, etwas ins Rothe neigender Farbe; die der ersten Reihe sind mit ihrer Basis an der Spitze des Strunks befestigt, in der Mitte aber am breitesten, wodurch die untere Fläche des Huts sich wölbt.

Der Hut polsterförmig, mit einer zierlichen Erhabenheit in der Mitte, glänzend blaugrün und mit einer schlüpfrigen Feuchtigkeit bedeckt; im Alter ändert sich diese Farbe in ein schmutziges Braun.

Diese seltne Art fand ich in dem Garten des Herrn *Pollard* bey *Stannary* den 12. Nov. 1790.

192. (192.) AGARICUS zonarius: *stipitatus, pileo hemisphaerico centro depresso margine fornicato lateritio, lamellis trifidis concoloribus, stipite brevi fistuloso succo lacteo-aureo. Schaeff. P. 7. N. 11. — Lactifluus zonarius Bull.*

A. (Lactifluus) testaceus Pers. Syn. F. p. 431.
» » » Alb. Schw. p. 209.

Bandirter Blätterschwamm.

Tab. 144.

Der Wurzelknoten ist hart, zäh, und schickt braune Zasern aus.

Der Strunk walzenförmig, in der Jugend dicht, im Alter hohl, ohne Ring.

Die Blättchen stehen in dreyfacher Ordnung, sind schmal, zerbrechlich, blass-ziegelfarbig und geben, verwundet, so wie der Strunk und Hut, einen scharfen gelben Milchsaft von sich.

Der Hut, im Anfange gewölbt, nachher flach, wird zuletzt trichterförmig; er ist blassziegelfarbig, mit concentrischen Kreisen von dunklerer Farbe gezeichnet. Bald sind diese Kreise sehr deutlich, bald weniger ausgezeichnet, bald kaum zu erkennen; im letzteren Falle ist diese Art dem *Agaricus lactifluus* auf der dritten Tafel sehr ähnlich, von dem sie sich aber leicht durch die goldfarbige Milch unterscheidet.

Er kommt, wiewohl spärlich, im *Woodhouse*-Walde vor.

Anm. Nach Persoon (Syn. F.) müsste *Agaricus zonarius Bull.* zu *A. flexuosus P.* gehören. Wahrscheinlich soll diess aber *A. azonatus Bull. (T.* 559. F. 1.) heissen. Vergl. *Fries Observ. mycologicae. P. I. p.* 59.

---

183. (193.) AGARICUS cyathoides: *stipitatus, pileo ab initio planiusculo post infundibuliformi, stipite basin versus crassiusculo, radice fibrosa. — A. cyathoides Bull. — multiformis Schaeff. P.* 9. *N.* 14.

A. (Omphalia) cyathoides Pers. Syn. F. p. 460.
» » » Fr. Obs. Mycol. p. 205.
c. Var. β. purpurascens.

Becherförmiger Blätterschwamm.

Tab. 145.

Der Wurzelknoten dick, mit weissen, schimmelartigen Flocken bedeckt, schickt zahlreiche, lange, weisse, zähe Zasern aus und trägt einen Strunk; doch zuweilen mehrere so dicht beysammen, dafs sich die Wurzelzasern unter einander verwickeln.

Der dichte Strunk enthält unter einer festen Rinde ein weisses, weiches und schwammiges Mark; er ist graulich-weiss, und der Länge nach mit schmalem Netzwerk von blasserer Farbe geziert (gestrickt.)

Die Blättchen stehen in dreyfacher Ordnung, sind im Anfange weiss und werden nachher blassbraun.

Der Hut, zuerst dünn und eben, wächst schnell heran, wird becherförmig und zieht sich zuweilen an mehreren Stellen des Randes so zusammen, dass er gleichsam einige einzelne Becher bildet; er ist fast ohne alles Fleisch, blassumbrabraun, glatt und seidenartig auf der Oberfläche.

In einem alten Melonenbeete in dem Garten des Hrn. *Caygill* zu *Sha* bey *Halifax* im Februar 1790.

---

284. (194.) AGARICUS carnosus: *stipitatus, pileo centro plano cinereo margine fornicato violaceo, lamellis pallidis angustis decurrentibus, stipite brevi.*

A. (Pleuropus) fornicatus Pers. Syn. F. p. 475.

Fleischiger Blätterschwamm.

Tab. 146.

Der Wurzelknoten hart, lederartig, mit kurzen flockigen Zasern.

Der Strunk sehr kurz, nach oben allmählig dicker und ohne Schleyer.

Die Blättchen in dreyfacher Ordnung, sehr schmal (wie *Fig. B.*), zahlreich, herablaufend, blass - lederfarbig.

Der **Hut** ist nach dem verschiedenen Alter des Gewächses bald flach, ausgehölt, gewölbt oder trichterförmig (siehe A. B. C. E. F.); zuweilen an einer Seite unvollständig oder halbirt, wie *Fig. D.* Die zarte und weiche Oberfläche ist wie feines Tuch anzufühlen; in der Mitte blass-bräunlich-aschfarb, nach dem stark einwärts gerollten Rande ins Violette spielend. Das Fleisch ist sehr fest und dicht.

An Baumstrünken in *Northowram* im August 1791.

Ich fand diese Art sonst nirgends, auch keine passende Abbildung oder Beschreibung derselben.

---

185. (195.) AGARICUS bulbosus: *stipitatus, pileo convexo fuscescente, lamellis coerulescentibus, stipite brevi basi bulboso violaceo.* — *A. nudus Bull.* 439. — *Caerulescens Schaeff. P.* 17. *N.* 29.

A. (Cortinaria) bicolor Pers. Syn. F. p. 281.
» » » Alb. Schw. p. 154.
» personatus Fries Obs. Mycol. P. II. p. 89.
» violaceus Lin. Sowerb. Engl. Fung. T. 209.

Knolliger Blätterschwamm.

Tab. 147.

Der **Wurzelknoten** ist zwiebelförmig, nach oben blassviolett, nach unten bräunlich, mit kurzen Zasern, ohne Wulst.

Der Strunk, 2 Zoll hoch, blassviolett, von weicher, sammtartiger Oberfläche, innen weiss und zerbrechlich, ist in der Jugend dicht, wird aber beym Absterben hohl und löst sich auf.

Die Blättchen in dreyfacher Ordnung, zahlreich, dünn, biegsam, zuerst von blassvioletter Farbe, die zuletzt in die dunkelbraune übergeht.

Der Hut ist glatt, wie feines Pergament anzufühlen, gewölbt und an dem besonders weichen und ganzen Rande eingebogen; in der Jugend ist er violett; im Alter wird er dunkelbraun und löst sich auf.

Diese Art ist selten. Ich fand die hier beschriebenen Exemplare bei *Ovenden* in einem kleinen Wäldchen oberhalb der *Old-Lane*-Mühle im Oktober 1790.

---

186. (196.) AGARICUS ramoso-radicatus: *stipitatus, pileo pallide luteo convexo centro subfulvo, lamellis trifidis angustis pallide luteis, velo araneoso, stipite longo basi ramoso, radice fusiformi producta. — Sterrb. T. 25. (radices omissae.)*

A. (Cortinaria) inopus Fr. Obss. Myc. P. II. p. 32.

Langwurzeliger Blätterschwamm.

Tab. 148.

Der Wurzelknoten ist lang, spindelförmig, dunkel lederfarbig, mit wenigen zarten, flockigen Zasern an den Seiten; er theilt sich nach oben in mehrere lange, walzenförmige, dichte und glatte Strünke, ist innen und aussen von graugelber Lederfarbe und leicht in zarte Fäden zu spalten.

Der Schleyer ist sehr klein, zart, blassgelb und hinfällig.

Die Blättchen in dreyfachen Reihen, schmal-bogenförmig, blass-gelb, mit dünnem Nagel an der Spitze des Strunks befestigt.

Der Hut ist gewölbt, am Rande hellgelb, nach der Mitte dunkler, von Substanz dünn und häutig.

Der Schwamm ist nach seinem Alter an Umfang sehr verschieden; alle Figuren sind in natürlicher Grösse.

Ich fand diese seltene Art in den Anlagen bey *Fixby-Hall*, auch wurde sie mir von *Darlington* zugesandt.

187. (197.) AGARICUS flavidus: *stipitatus, pileo hemisphaerico, centro saepe fastigiato pallide flavo, petiolo tereti pleno basi crassiusculo, velo fugaci. — A. flavidus Schaeff. P. 17. N. 30.*

A. (Coprinus) Boltonii Pers. Syn. F. p. 414.
» » » Fries. Obs. Mycol. P. II. p. 186.

Hellgelber Blätterschwamm.

Tab. 149.

Der Wurzelknoten schmächtig, hart, mit schwarzbraunen Zasern.

Der Strunk 2 Zoll hoch, glatt, am Grunde dicker, hohl, innen und aussen gelb, spaltet sich leicht in glänzendgelbe Fäden.

Der Schleyer weiss, locker und zart, vergeht schon in der Jugend des Gewächses und lässt keine Spur am Strunke zurück.

Die Blättchen in dreyfacher Ordnung, schmal, länglich, dünn und zart, im Anfange weiss, nachher gelb, zuletzt dunkelbraun.

Der Hut erst kegelförmig, mit einer zähen klebrigen Feuchtigkeit bedeckt, nachher halbkugelformig mit einer kleinen Erhabenheit in der Mitte; in der Folge wird der Rand gestreift und bekommt Risse, endlich zerfliesst der ganze Schwamm in einen braunen Schleim.

Auf Misthaufen nach Regen im Junius und Julius.

Anm. Nach Persoon gehört *A. flavidus Schaeff.* nicht hierher; auch soll diese Art von *A. titubans* (vergl. Nees v. Esenbeck Syst. der Pilze f. 200) nicht wesentlich verschieden seyn.

---

188. (198.) Agaricus cinamomeus: *stipitatus, pileo convexo rufo, lamellis trifidis remotis concoloribus, stipite cylindrico flavo. — A. cinamomeus Sp. Pl. 1642. - Huds. Angl. 615. N. 19. - A. croceus Schaeff. P. 3. N. 4.*
A. (Cortinaria) cinamomeus Pers. Syn. F. p. 297.
» » » Alb. Schw. p. 161.
» » » Fries Observ. Myc. P. II. p. 35.)

Zimmtfarbiger Blätterschwamm.

Tab. 150.

Der Wurzelknoten rund, fest und lederartig, mit kurzen braunen Zasern.

Der Strunk walzenförmig, dunkel-goldgelb, hohl, theilt sich leicht in gelbe Fäden und wird 2 bis 4 Zoll hoch.

Die Blättchen in dreyfacher Ordnung, am Grunde sehr breit, abgerundet, frey, entfernt, nach der Spitze schmal, dunkel-gelbroth.

Der Hut, erst halb kugelförmig mit einer kleinen Erhabenheit in der Mitte, wird in der Folge der Entwicklung flach, mit glattem, scharfem Rande; seine Farbe ist dunkel-braunroth oder satt zimmtbraun, die Oberfläche seidenartig, glatt und trocken.

Er wächst in den Wäldern bey *Halifax*, doch selten.

Ich halte diese Art für den wahren *A. cinamomeus L.* und für specifisch verschieden von meinem *A. cinamomeus T.* 22. Ich hatte diesen damals noch nicht gesehen, und will daher in der Folge jenen (*T.* 22.), da er nicht sehr von dem gegenwärtigen abweicht, *A. pseudo-cinamomeus* nennen.

Anm. Persoon zieht diese Figur zu seinem *A. croceus*, der nach Alb. und Schw. nicht wesentlich von *Agaricus cinamomeus* verschieden ist.

---

189. (199.) AGARICUS oreades: *stipitatus, pileo complanato subfusco pallido, lamellis albis trifidis basi angustis, stipite pleno albo fistuloso. — A. pallidus Schaeff. P.* 22. *N.* 34. - *Ib. melleus P.* 20. *N.* 39. — *A. pseudomouceron Bull.* 144.

A. (Gymnopus) pratensis V. ♪. Pers. Syn. F. p. 305?
» pratensis Sowerby Fung. T. 127.
» » Swartz in Vet. Acad. n. Handl. 1809 p. 87.
» Oreades Flor. dan. N. 1607.

Hexen-Blätterschwamm.

Tab. 151.

Der Wurzelknoten schmächtig, braun und zaserig.

Der Strunk glatt, walzenförmig, weiss, in weisse Fäden sich lösend.

Die Blättchen regelmässig in dreyfacher Ordnung, weiss, entfernt, in der Mitte breit, am Grunde verschmälert.

Der Hut glatt, Anfangs kegelförmig, nachher eben und zuletzt genabelt, von angenehmer brauner Lederfarbe, heller gegen den Rand, etwas dunkler nach der Mitte zu.

Dieser Blätterschwamm findet sich auf Weiden und an den Vorsäumen der Wälder in den grünen Kreisen, die man Zauber- oder Hexen-Ringe nennt, im August und September, häufiger als andere Arten; doch wachsen auch andere Blätterschwämme in dergleichen Kreisen.

Anm. **Nach Fries (*Obs. Mycol. p.* 117.) muss dieser Schwamm von *A. pratensis* getrennt und als eine eigene Art, betrachtet werden.**

Mit Unrecht zieht Persoon in seinem neuesten Werke (*Champ. commest. de la France*) die Bolton'sche Abbildung zu seinem *A. collinus*, von dem sie sich durch die dunklere Farbe des Huts und durch die weissen, fast ganz freyen Lamellen unterscheidet.

190. (200.) AGARICUS cinctulus: *stipitatus, pileo convexo fulvo, cincto uno obscuro picto, lamellis trifidis latis nigris, stipite longo fistuloso fusco.*

A. (Coprinus) cinctulus Pers. Syn. F. p. 411.

Gürtel - Blätterschwamm.

Tab. 152.

Der Wurzelknoten klein, rund, fest, dicht, mit zahlreichen Zasern.

Der Strunk walzenförmig, schlank, innen und aussen dunkelbraun, hohl, in lange braune Fäden sich theilend.

Die Blättchen in dreyfacher Ordnung, sehr breit in der Mitte, nach den Enden verschmälert, von Farbe braun-schwarz, zart und zerbrechlich.

Der Hut gewölbt, röthlich-hirschfarb, mit einem breiten, dunkelbraunen Gürtel; diese Farbe durchdringt die ganze Substanz des Huts, wie die Figur im Durchschnitte zeigt. — In der Jugend fehlt der lichtere Kreis am Rande. (Man sehe die kleinste Figur unserer Tafel.)

Auf Misthaufen nach Regen. Ich fand die beschriebenen Exemplare den 25. Junius 1789.

191. (201.) AGARICUS albus: *caulescens, solitarius, carnosus, pileo convexo albo, lamellis crassiusculis albis, petiolo tereti pleno longiusculo albo basi crassiusculo.* — *Schaeff. P.* 68. *N.* 144. A. leucocephalus Bull. T. 536. – Pers. Ch. com. p. 211?

Weisser Blätterschwamm.

Tab. 153.

Der Wurzelknoten undeutlich, fest, braun und zaserig.

Der Strunk dicht und leicht in zarte weisse Fäden zu spalten, von aussen und innen rein weiss; die Höhe beträgt in den vorliegenden Exemplaren ungefähr 5 Zoll. Er ist rund, nach unten verdickt, nach oben allmählig verdünnt, ohne Wulst und Ring.

Die Blättchen stehen in dreyfacher Ordnung, sind zahlreich. zart, biegsam, länglich und von weisser Farbe.

Der Hut ist gewölbt, auf der Oberfläche sehr glatt, wie feines Pergament, von Substanz dünn und schwammig, von Farbe durchaus milchweiss, den Scheitel ausgenommen, welcher angenehm blassbraun gefärbt ist.

Ich fand meine Exemplare auf den Schaafweiden bey *Stannary* den 12. Aug. 1791, sah diese Art aber auch auf anderen Schaaf-Triften.

Anm. Nach Person soll sich dieser Schwamm hauptsächlich durch den sehr bitteren Geschmack von dem nahe verwandten und essbaren *A. eburneus P.* (*Bull. T.* 551.) unterscheiden.

192. (202.) AGARICUS pseudo - clypeatus: *stipitatus, pileo conico olivaceo-fusco margine revoluto striato pallescente, lamellis trifidis pallidis, stipite gracili fistuloso.*

A. (Mycena) galericulatus Var. Pers. Obss. Myc. P. II. p. 58.

Unächter Schild - Blätterschwamm.

Tab. 154.

Der Wurzelknoten sitzt ohne deutliche Zasern auf faulem Holze und bringt bald einzelne bald mehrere Strünke in einem Rasen hervor.

Der Strunk dünn, dunkelgrau, röhrig, zähe, leicht in feine Fäden oder Fasern zu theilen, ohne Ring.

Die Blättchen stehen in dreyfacher Ordnung, sind in der Jugend weiss, im Alter bräunlich, zähe, biegsam und entfernt.

Der Hut ist im Anfange kegelförmig, im ausgewachsenen Zustande aber wird der Rand gestreift und rollt sich aufwärts; die Farbe des Huts ist graulich-olivengrün, nach dem Scheitel dunkler, blasser um den Rand; der Schwamm vertrocknet beym Absterben.

Auf abgestorbenen Baum - Strünken im October 1790 bey *Lee-Bridge* und in diesem Jahre (1791) an einem kleinen Bach bey *Burks Hall.* — Diese Art ist, wie ich glaube, bis jetzt weder beschrieben noch abgebildet.

193. (203.) Agaricus alumnus: *stipitatus, pileo convexo albo, lamellis trifidis albidis, stipite gracili basi crassiusculo subrubro.*

A. (Gymnopus) tuberosus Pers. Syn. F. p. 374.
» » » Obs. Mycol. P. II. p. 52.
» » » Mart. Fl. Erl. p. 348.
» » » Alb. Schw. p. 190.
» Amanitae Batsch El. F. T. 18 f. 93.

Schmarotzer Blätterschwamm.

Tab. 155.

Der Wurzelknoten sitzt ohne sichtbabare Zasern auf der Substanz, aus der er hervorkommt.

Der Strunk ist weiss, nach der Spitze verdünnt, am Grunde angeschwollen und zuweilen schön blass-roth gefärbt.

Die Blättchen in dreyfacher Ordnung, nicht zahlreich, breit, im Verhältniss der Grösse des Gewächses, und am Grunde frey, nicht mit dem Strunk verbunden, von weisser Farbe und zart flockiger Substanz.

Der Hut ist gewölbt, zuweilen in der Mitte etwas erhaben, weiss und hautartig.

Die vorliegenden Exemplare wuchsen auf einem alten, völlig abgestorbenen *Agaricus integer*, welcher schon schwarz und ganz modrig war.

Im *Woodhouse*-Wald, doch selten.

Diese Art ist dem *A. tuberosus Bull. T.* 256 nahe verwandt, aber es fehlt der flockige Kreis am Grunde des Strunks und der knollige Wurzelknoten.

Anm. Der *Agaricus alumnus B.* wächst gewöhnlich auf dem in alten Blätterschwämmen entstehenden *Sclerotium Fungorum P.*; doch kommt er auch zuweilen unmittelbar aus der Substanz der Blätterschwämme hervor; (vergl. *Alb. Schw.* a. a. O.) In diesem letzteren Falle ist es der eigentliche *A. Alumnus Bolton* und *A. Amanitae Batsch.*

---

194. (204.) AGARICUS tomentosus: *stipitatus, pileo ab initio pyramidali postea campaniformi lacerato, lamellis trifidis numerosis angustis pallidis margine atris, stipite cylindrico tomentoso fistuloso. — A. tomentosus Bull.*

A. (Coprinus) cinereus β Pers. Syn. F. p. 398.
» » » Nees ab Esenb. Syst. F. 203.
» » » β tomentosus Alb. Schw. p. 199.
» » » Mart. Fl. Erl. p. 442.

Flockiger Blätterschwamm.

Tab. 156.

Der Wurzelknoten ist schmächtig, schwarz, mit wenigen und kurzen braunen Zasern.

Der Strunk ist aufrecht, walzenförmig, hohl und weiss; er spaltet sich leicht in Fäden und ist mit bleyfarbigen Flocken bedeckt.

Die Blättchen stehen in dreyfacher Ordnung, darunter sind die der ersten Ordnung lang und schmal; sie sind auf den Seiten weiss, am Saume aber mit einem schwarzen Staube bedeckt, der sie vor dem Zerreissen des Schwammes, ganz schwarz färbt.

Der Hut, im Anfange eyförmig oder länglich, wird mit der Erweiterung des Randes pyramidal, dann glockenförmig, endlich zerreisst er und zerfliesst schnell; in der Jugend ist er mit einer dicken Lage bleygrauer Flocken überzogen, welche auf der weiss gestreiften Oberfläche des ausgebildeten Huts als unförmliche, graue Flecken zurückbleiben.

Ich fand diese Art bey *Ogden-Kirk* unter feuchtem Moose auf Torfgrunde.

---

195. (205.) AGARICUS flabelliformis: *substipitatus, pileo planiusculo lacero multiformi cervino, margine crenato, lamellis trifidis pallidis subcrenatis, stipite brevi vel nullo. Agaricus flabelliformis Schaeff. P.* 20. *N.* 38.

A. (Pleuropus) flabelliformis Pers. Syn. F. p. 479.
» » » Fries Obs. myc. P. I. p. 96.

Fächerförmiger Blätterschwamm.

Tab. 157.

Wenn der Schwamm einzeln wächst, so ist er mit einem sehr kurzen und dünnen, am Rande stehenden **Strunk** befestigt; kommt er aber in Rasen vor, so entspringt jeder aus einem unförmlichen festen **Wurzelknoten**, ohne sichtbaren Strunk.

Die **Blättchen**, in dreyfacher Ordnung, sind lang, mässig breit, zähe und biegsam, von blass - ledergelber Farbe; im Alter werden sie dunkler und sind dann oft am Saume deutlich gezähnt oder gekerbt.

Der **Hut** ist, die unvollkommene Seite ausgenommen, kreisrund, am Rande gezähnt, wellenförmig gebogen, krauss, zuletzt gespalten. Er ist von zäher hautartiger **Substanz**, von glatter pergamentartiger Oberfläche, hellbraun oder rehfarb, dunkler nach dem Grunde.

Die vorliegenden Exemplare wuchsen an der Seite eines alten Baumes am Ufer des Baches unterhalb der *Mixenden*-Mühle im Februar 1790.

Anm. Der auf unserer Tafel dargestellte Durchschnitt zeigt die Blättchen, gegen die Angabe des Verfassers, in fünffacher Ordnung als ein seltenes Beyspiel **fünfmächtiger Blättchen**, *lamellae pentadymae Otto*.

196. (206.) AGARICUS coriaceus : *acaulis, pileo velutino striis concentricis notato, margine acuto lobato, lamellis raris, subramosis saepius simplicibus. — Agaricus de St. Clou Vaill. Paris. P. 3. Agaricus coriaceus.*

A. (Pleuropus) coriaceus Pers. Syn. F. p. 486.
A. (Apus) coriaceus Nees ab Esenb. Syst. f. 182. B.
Daedalea betulina Fries Obs. Mycol. P. I. p. 104.

Lederartiger Blätterschwamm.

Tab. 158.

Die vorliegenden Exemplare dieses Schwammes sind mit dem Mittelpunkte des Huts, oder eigentlich mit dem des ganzen Gewächses, an faulendem Holz befestigt; er ist mit kurzem sammtartigem Filze bedeckt und mit concentrischen Kreisen von blässerer und dunklerer Lederfarbe in verschiedenen Abstufungen geziert; im Alter verschwinden diese Farben und die ganze Oberfläche erscheint alsdann schmutzig matt-grün; der Rand ist dünn, scharf gebuchtet, gelappt und krauss; häufig ist der Schwamm halbirt und bildet sich nur an einer Seite aus; die Substanz ist zähe, trocken und lederartig.

Die Blättchen sind von sehr verschiedener Länge, einige gehen vom Mittelpunkte bis zum Rand und werden von anderen durchschnitten, die in einer kleinen Entfernung vom Grunde oder Mittelpunkte entspringen, und gleicfalls bis an den Rand laufen. Diese Theilung wiederholt sich sieben oder achtmal', wie die Figur zeigt; selten sind die kürzeren an ihrer Basis mit den längeren verbunden, gewöhnlich einfach und gesondert; sie sind dünn-lederartig, von blasser Korkfarbe.

Wächst an alten Pfählen bey *Shibden-Hall* im Januar 1791.

Die Figuren in *Vaill. Bot. Par. T.* 1. *f.* 1. 2. 3. gehören ohne Zweifel zu dieser Art.

---

197. (207.) BOLETUS betulinus: *coriaceus, substipitatus, glaber, dimidiatus, carne alba, tubis brevissimis niveis a carne separabilibus. Bull. P.* 348 *Tab.* 312.

Boletus betulinus Pers. Syn. F. p. 535.
Polyporus betulinus Fries Obs. Myc. P. I. p. 127.
P. II. p. 260.
B. (Apus) betulinus Alb. Schw. p. 251.

Birken - Löcherschwamm.

Tab. 159.

Der vorliegende Löcherschwamm hat einen sehr kurzen Strunk, welcher schief von der oberen Fläche an der abgeschnittenen Seite des Schwamms entspringt, wie der einfache Umriss auf der Tafel zeigt; zuweilen sitzt er mit dem Rande selbst auf und der Strunk fehlt ganz.

Die Oberfläche ist blass - braun ins Rothe spielend; diese Farbe beruht bloss auf der dünnen Oberhaut, womit der Schwamm bedeckt ist; häufig springt diese auf, und löst sich in kleinen Stückchen ab, wodurch die Oberfläche mit Flecken von der rein weissen Farbe der inneren Substanz gezeichnet erscheint; im Alter wird der Rand stumpf einwärts gerollt und der obere Theil höher gewölbt. Die untere Fläche ist fast eben; die Poren sind weiss und klein, und die kurzen weissen Röhren lassen sich im frischen Zustande von dem fleischigen Hute trennen.

An Birkenstämmen im *Shackleton* - Wald bey *Heptonstall*, — auch erhielt ich ihn von *Darlington.*

Anm. Wegen der in der Jugend vom Fleisch sich trennenden Poren würde man diesen Schwamm von der Palisot'schen Gattung *Polyporus* trennen und wieder zu *Boletus* bringen müssen, wenn nicht, wie Fries am angegebenen Orte bemerkt, die Röhren eine Fortsetzung der Hut-Substanz wären.

198. (208.) Boletus confragosus: *coriaceo-lignosus, sessilis, dimidiatus, supra scabroso-zonatus, subfuscus, carne ferrugineo-pallida, tubis cinereis, poris multiformibus. B. labyrinthiformis Bull. Texte P. 357. N. 37.*

Daedalea confragosa Pers. Syn. F. p. 501.

Runzlicher Löcherschwamm.

Tab. 160.

Dieser Schwamm ist halbzirkelförmig und sitzt mit der einen Seite an faulenden Wurzeln und Baumstrünken fest; die obere Fläche ist sehr rauch und mit entfernten concentrischen Kreisen bezeichnet; der Raum zwischen diesen Kreisen ist durch erhabene Falten uneben. Ihre Farbe ist braun, mit etwas Roth gemischt, nach dem stumpfen und wellenförmig gebogenen Rand zu dunkler; die Substanz ist holzig, schön hellbraun und zierlich mit dunkleren Adern und Wolken durchzogen.

Die Röhren sind ziemlich lang, hängen an ihren Seiten zusammen und sind nicht von dem Hute zu trennen.

Die Poren sind röthlich-braun, an verschiedenen Stellen desselben Schwamms von verschiedener Gestalt und Grösse, rund, länglich, oder eckig, bald breiter bald schmäler.

Ich fand ihn an alten Bäumen bey *Fixby-Hall*, auch erhielt ich ihn von *Darlington*.

199. (209.) BOLETUS hispidus: *coriaceo-mollis, sessilis, dimidiatus, pileus rigidus, hirtus, vetustate nigricans, carne crassissima fulva, tubis fimbriatis. Bull. P.* 351. *N.* 3. — *B. spongiosus Lightfoot Scot.* 1033. *N.* 4.

B. hispidus Pers. Syn. F. p. 526.
Polyporus hispidus Fr. Obs. Myc. P. II. p. 260.
B. (Apus) hispidus Alb. Schw. p. 248.

Raucher Löcherschwamm.

Tab. 161.

Der Schwamm ist halbirt und sitzt an der einen Seite fest; er ändert sehr an Gestalt und Umfang, zuweilen ist er halbzirkelförmig, doch öfter zu ungestalten Knollen angeschwollen, mehrere an einander anliegend und an ihren Seiten verwachsen. Die obere Fläche ist dunkel-rothbraun, bald glatt, bald mit einem schwarzen, oder braunen, haarigen Ueberzuge bedeckt, der aus der dicken, schwarzen Rinde entspringt; innen ist der Schwamm weich, schwammig und im frischen Zustande leicht vom Mittelpunkte nach dem Rand in Striemen zu spalten, aber nicht ohne Mühe zu schneiden.

Getrocknet wird er sehr zähe und dient, gleich *Boletus igniarius*, als Zunder.

Die Röhren sind lang und, wie die übrige Substanz, goldgelb.

Die Poren, die in der Jugend hellgelb, von verschiedener Grösse und an den Rändern gewimpert sind, werden im Alter dunkelbraun, zusammengezogen und beym Absterben, gleich der ganzen Pflanze, schwarz.

Ich fand diese Exemplare bey *Bradford* an dem Stamm eines merkwürdigen Baums, genannt die Vier-Esche (*Four-Ashes*), den 5. Nov. 1791, — auch kam er mir von *Darlington* zu.

---

200. (210.) BOLETUS suberosus: *acaulis*, *coriaceo-convexus*, *villosus*, *albus*, *poris difformibus rotundis flexuosisque*. *Flor. Suec.* 1253 *Sp. Plant.* 1645 *Schaeff. P.* 92 *N.* 105. *Bull. Texte* 354. *N.* 35.

Boletus suaveolens Pers. Syn. F. p. 530.
» « γ communis Alb. Schw. p. 250.
» » Mart. Fl. Erl. p. 449.
» « Nees ab Esenb. Syst. F. 220 B.

Korkiger Löcherschwamm.

Tab. 162.

Der Hut ist halbirt und sitzt mit der einen Seite an Baumstämmen fest; seine obere Fläche ist in der Jugend weiss und mit einem zarten kurzen und weissen Filze bedeckt, im Alter wird er blassbraun und glatt, wie in *Fig. D.*; in beyden Zuständen ist er hoch gewölbt und wenngleich glatt, doch uneben und hökkerig.

Die untere Fläche ist gewöhnlich etwas gewölbt, oder beynahe flach, wie *Fig. A B.* Am Grunde ist er zuweilen nach unten ausgebreitet und der Rand setzt sich ringsum fort, wie in *Fig. C.*

Die **Poren** sind bald rund und gesondert, bald zu langen wellenförmigen Höhlen ausgedehnt; zuweilen steigt der Filz in vielfach gestalteten Büscheln in die Höhe, die Eiszapfen oder den Figuren gleichen, die man in Tropfsteinhöhlen findet.

Trocken, giebt er einen dem Anis oder den gewöhnlichen Brustzeltchen ähnlichen Geruch von sich. — Ist er wohl von *B. suaveolens L.* verschieden?

An alten Weidenbäumen, an einem Zaun bey *Shibden Hall;* auch erhielt ich diese Art von *Darlington.*

Anm. Nach *Bulliard* nnd *Röhling* (Deutschlands *Flora p.* 460) gehört *B. suaveolens Lin.* nicht hierher, sondern zu *Daedalea suaveolens P.*

201. (211.) BOLETUS unicolor: *coriaceus, tenuis, dimidiatus, supra lanatus, zonatus nec variegatus, tubis daedaleis sub rutilo-cinereis. Bull. Texte P.* 365. *N.* 43.

Sistotrema cinereum Pers. Syn. F. p. 551.
Boletus decipiens Gmel. Syst. N. II. 1437.
Schr. Spicil. p. 169.
» » Alb. Schw. p. 260.
» » Nees ab Esenb. Syst. F. 230.

Einfarbiger Löcherschwamm.

Tab. 163.

Er ist gewönlich halbirt und sitzt mit der einen Seite fest, doch ist er zuweilen am Grunde gleichsam strunkartig verlängert, wie die untere Figur auf der Tafel zeigt. Die obere Seite ist mit einem dichten haarigen Filze von brauner Lederfarbe bedeckt und mit etwas dunkleren Zonen oder Kreisen von derselben Farbe bezeichnet. Der Rand ist scharf, verschiedentlich gebogen und gelappt und nicht selten liegen mehrere Individuen dachziegelförmig übereinander.

Die innere Substanz ist dünn, weiss, zähe und lederartig.

Die untere Fläche ist eben oder nur wenig gewölbt, in der Jugend milchweiss, im Alter bräunlich - aschfarb.

Die Röhren sind sehr kurz, hängen an den Seiten zusammen und sind nicht von dem Hute zu trennen.

Die **Poren** sind klein und von verschiedener Gestalt; in den vorliegenden Exemplaren sehen wir sie nach dem Grunde zu breiter, länglich oder eckig, nach dem Rande rund und sehr klein.

Ich hielt diesen Schwamm sonst für weibliche, Saamen tragende Exemplare meines *B. auriformis* (*Thelephora hirsuta P.*); — da aber inzwischen *Bulliard* diese beyden Schwämme in verschiedene Gattungen gebracht hat, so gebe ich zwar meine Ansicht auf, werfe aber doch diesen Wink hin, damit meine Vermuthung durch die Beobachtungen Anderer bestätigt oder widerlegt werden möge.

Anm. Wir möchten lieber mit Sprengel annehmen, dafs dieser Schwamm zu den verschiedenen, zum Theil durch das Alter bedingten Spielarten von *B. versicolor* (oder *lutescens?*) gehöre.

---

202. (212.) BOLETUS heteroclitus: *sessilis, lobato-multiformis, superne villosus, aurantiacus, inferne luteo-aureus, tubis brevibus, poris multiformibus. — Agaricus multiplex porosus Ray Syn. P. 13. N. 13.*

Boletus heteroclitus Pers. Syn. F. p. 528.

Unregelmässiger Löcherschwamm.

Tab. 164.

Dieser Schwamm wächst auf der Erde und zwar aus einem festen und zähen **Wurzelkno-**

ten, welcher innen weiss und von lederartiger Substanz ist; er breitet sich in mehrere flache Stücke aus, die in horizontaler Richtung auf der Erde liegen.

Im Fortgange des Wachsthums wird er gelappt; die Lappen liegen dachziegelförmig über einander und sind wiederhohlt getheilt; ihre Gestalt und Richtung ist höchst unregelmässig und unbestimmt. Die obere Seite ist dicht mit einem rauhen haarigen Filze bedeckt, in der Jugend goldgelb, im Alter bräunlich-pomeranzenfarb. Die innere Substanz ist, wie *Figur B*, dünn, weiss, zäh und lederartig.

Die Röhren sind kurz, an den Seiten verwachsen und von dem Fleische nicht zu trennen, zähe und goldgelb.

Die Poren ändern, wie *Figur A* zeigt, sehr in Gestalt und Grösse, einige sind breiter, andere schmäler, einige rund, andere oval oder länglich; die Farbe geht im Alter aus der glänzend hellgelben in die bräunlich-pomeranzengelbe über.

Unter Eichen bey *Fixby-Hall*; — auch wurde er mir aus dem Bisthum *Durham* zugeschickt.

Anm. Man vergleiche *Polyporus amorphus Fries Obs. Myc. P. I. p.* 125.

203. (213.) BOLETUS resupinatus: *coriaceo-spongiosus, sessilis, ferrugineus, tubis longissimis eretis, poris minutis rotundis.*

Boletus (Poria) spongiosus Pers. Syn. F. p. 543.

Umgewandter Löcherschwamm.

Tab. 165.

Dieser seltsame Löcherschwamm kriecht und breitet sich gewöhnlich auf der Rückseite aus, zuweilen bildet er ungestalte turbanförmige Massen; in beyden Fällen besteht er aus einer dünnen braunen Rinde, die an dem Holze, worauf er wächst, fest anliegt und den Röhren zur Basis und Grundlage dient.

Die Röhren sind lang, aufrecht, und bilden fast die ganze Substanz des Gewächses; in den kriechenden und ausgebreiteten Individuen ist der Rand ungleich, gelappt und krauss, die Oberfläche durch angeschwollene Höcker uneben und von Farbe, wie alle andere Theile, rostbraun. Die Poren sind rund, doch allzu klein für die Beobachtung mit unbewaffnetem Auge. Die Länge der Röhren ist in den kriechenden und turbanförmigen Stücken verschieden, — in der ersteren Spielart sind sie kürzer, länger in der letzteren. Sie sind in der natürlichen Grösse bey *d. d. d.* und in zwey Vergrösserungen bey *b. c.* dargestellt.

Diese Art ist nahe verwandt mit *Boletus cryptarum Bull. Text. P.* 350. *N.* 31. und wahrscheinlich derselbe Schwamm; meine Exemplare stehen aber jenen an Zierlichkeit und Vollkommenheit des Wuchses bedeutend nach.

An trockenen, abgestorbenen Aesten der Haselstaude. bey *Burks - Hall* im Februar 1790.

---

204. (214.) Boletus Proteus: *crustaceus, perennis, mutabilis, poris perituris. B. cellulosus Flor. Dan. Fasc.* 12. *P.* 9.

Boletus (Poria) medulla panis Pers. Syn. F. p. 544.
» » » » Alb. Schw. p. 256.

Veränderlicher Löcherschwamm.

Tab. 166.

Ich habe diesen Schwamm mehrere Jahre in verschiedenem Alter und Zustande beobachtet, war aber nie so glücklich, ihn mit Fruchttheilen anzutreffen, bis ich ihn endlich im Februar 1790 auf abgefallenen Aesten des Vogelbeerbaums fand, die in einem dumpfigen Walde unter faulendem Gras und anderen Pflanzen lagen.

Das Gewächs erscheint im ersten Entstehen wie ein weisser Schimmel, der sich durch gleichfarbige, zarte und flockige Fäden, die vom Rande entspringen, in die Breite ausdehnt, bis er seine gehörige Grösse erlangt hat, wo sich der Rand schliesst, wie in *Fig. a.* Er gleicht nun einem Stück dünnen, zarten und weissen Schaafs-Fells, voll Poren mit kurzen Röhren, oder besser, vertieften Zellen, welche, im frischen Zustande vergrössert, in *Fig. b.* zu sehen sind. Nachdem er eine Zeitlang auf meinem Tische gelegen, schrumpfte er ein und die Poren erschienen dann zusammengezogen, wie in *Fig. c*, in welchem Zustande er der *Merula crispata Flor. Dan. Fasc.* 12. *P.* 9. sehr ähnlich ist. Nach dem Verschwinden der Poren nimmt der Schwamm an Dicke und Festigkeit zu, der Rand wird gelappt und gekerbt und die Oberfläche lederartig glatt, doch zuweilen würfelförmig durch unregelmässige Buchten und Risse getheilt, wie in *Fig. e.* In dieser Periode fängt der Rand an, sich vom Holze zu lösen und die Farbe der Oberfläche geht aus dem Weissen in's Blassbraune über, so dass er der *Auricula corticalis Bull.* sehr ähnlich wird; endlich wird er dunkelbraun (wie in *Fig. d.*), trocken, fest und zerbrechlich, der Rand ist bedeutend erhaben und die untere Seite mit schwarzen Kreisen bezeichnet. Er dauert lange Zeit aus, wird zuletzt schwarz und vermodert.

---

205. (215.) BOLETUS lacrymans: *acaulis, coriaceus, semiovalis, aurantiacus, rugoso-reticulatus, marginali lata nivea fornicata. Dicks. Crypt. Fasc.* 1. *T.* 18.

Systotrema obliquum nobis; resupiniatum, glabrum, ex albido ferrugineum, margine porosum, centro dentatum, dentibus obtusis imbricatis.

Thränender Löcherschwamm.

Tab. 167. Fig. 1.

Dieser Schwamm breitet sich in unregelmässigen Flecken auf der Oberfläche faulenden

Holzes in feuchten dumpfigen Häusern oder Wäldern aus.

In den vorliegenden Exemplaren sind die Poren nur in einem schmalen Streifen rings um den Rand her rund und deutlich, gegen den Mittelpunkt sind sie sehr in die Länge gedehnt, nicht aufrecht, sondern dachziegelförmig über einander liegend, und haben einigermaassen das Ansehen fallender Thränen. Meine Stücke sind jung und hängen mit ihrer ganzen Breite am Holze fest, im Alter löst sich der Rand des Gewächses an verschiedenen Seiten. Die Farbe ist zuerst weiss, im Alter gelblichbraun und wird endlich schmutzig schwarz-braun. — Ich halte meinen *Boletus obliquus* Tafel 74 für eine Spielart dieses Schwamms.

Anm. Dieser Schwamm, dessen nahe Verwandtschaft mit *Systotrema violaceum P.* (*Hydnum decipiens Schr.*) schon Schrader in seinem *Spicileg. Fl. Germ. p.* 180. 11. anerkannt hat, scheint bisher von den Mycologen übersehen worden zu seyn und muss in der Gattung *Systotrema P.* zwischen *Systotrema violaceum* und *cellare* eingeschaltet werden.

Wie Dickson diesen *B. obliquus Bolt.* zu dem *Boletus lacrymans Wulff.* (*Merulius destruens P.*) ziehen konnte, ist schwer zu begreifen.

206. (216.) BOLETUS medulla panis: *crustaceus, albus, effusus, difformis. Murray Syst. Veg. P. 977. Dickson Crypt. P. 18.*

Systotrema quercinum Pers. Syn. F. p. 552.
» » Obs. myc. II. p. 17.
» » Alb. Schw. p. 262.
» » Mart. Fl. Erl. p. 452.
» » Nees ab Esenb. Syst. F. 231.

Brodkrummenähnlicher Löcherschwamm.

Tab. 167. Fig. 2.

Dieser Schwamm breitet sich auf der Oberfläche von Holz oder Rinde, die sich in einem trocknen, aber in der Verwesung weit vorgerückten Zustande befinden, aus. Von Substanz ist er locker und dünn, und bildet Flecken von verschiedener Gestalt und Grösse. Uebrigens ist er einem, aus der Mitte eines Laibs herausgeschnittenen Stück Hausbrods so vollkommen ähnlich, dafs alle weitere Beschreibung unnöthig ist.

Ziemlich häufig in Wäldern und an Zäunen bey *Halifax*.

Anm. Die von Bolton hierher gezogenen Synonyme: *Lin. Syst. Veg. P.* 977, dann *Mich. Gen. T.* 63. *f.* 2 und *Jacq. Miscell. austr. Tab.* 11. gehören zu *B. Proteus Tab.* 166. oder zu dem wahren *B. medulla panis.*

207. (217.) BOLETUS Calceolus: *coriaceo-perennis, substipitatus, pileo oblongo tenui sublateritio, tubis brevissimis, poris minutis rotundis. Boletus calceolus Var. Bull. Texte P.* 338. *N.* 21.

Boletus badius β Pers. Syn. F. p. 523.

Schuhförmiger Löcherschwamm.

Tab. 168.

Die meisten Stücke dieses Löcherschwamms, die ich zu untersuchen Gelegenheit hatte, waren an der Seite mit einem harten und zähen Strunke versehen, in anderen dagegen ist dieser so kurz, daſs man fast sagen kann, er ſehle ganz.

Der Hut, oder richtiger gesagt, der Körper des Gewächses, ist von ovaler oder länglicher Gestalt, wie er auf der Tafel dargestellt ist. Die Substanz desselben ist trocken, zähe, lederartig, innen weiss; in der Jugend des Gewächses ist sowohl die obere als die untere Seite milchweiss; im Alter wird er röthlichbraun, und endlich auf der oberen Seite braunschwarz.

Die Röhren sind an den Seiten verbunden; die Tafel zeigt ein Stück derselben mit den Poren, etwas vergrössert.

Seit dem Stiche der Tafel fand ich ein altes Stück mit einer sehr rauhen etwas zottigen und durch kurze unregelmässige Furchen gewürfelten Oberfläche, das beynahe so fest und hart wie Holz war.

An dem Strunke eines Hollunderbaums bey *Shibden - Hall*.

208. (218.) BOLETUS annularius: *stipitatus, pileo luteo, centro aurantio, carne alba crispa firma, tubis luteis, cortina araneosa alba. — Boletus annularius Bull. Texte P. 216. N. 1. - Bolt. Fung. T. 84. Fig. inferior.*

Boletus cortinatus Pers. Syn. F. p. 503,
» luteus Fries Obs. Myc. P. II. p. 242.
» annulatus Alb. Schw. p. 238.
» « Flor. dan. T. 1135.

Beringter Löcherschwamm.

Tab. 169.

Der dicke Wurzelknoten ist mit einem grauen Schimmel bedeckt und schickt lange weiche Zasern aus.

Der aufrechte Strunk rund und dicht, am Grunde braun, nach oben gelb.

Der Schleyer ist in den vorliegenden Stükken weiss, dünn und zart; er entspringt nahe an der Spitze des Strunks und erstreckt sich bis zum Rande des Huts. Bey dem, welchen ich eben beschreibe, ist der Schleyer während des Zeichnens zerrissen und hängt in Stücken herab, genau so, wie es die grössere Figur darstellt.

Die Röhren sind walzenförmig und gelb; die Poren rund, von derselben Farbe, doch kleiner, als bey dem gemeinen, gelben Löcherschwamm. Der Hut ist gewölbt, von goldgelber Pomeranzenfarbe, nach dem Scheitel zu dunkler, der Rand eben und scharf und die Oberfläche, besonders bey feuchtem Wetter, mit einem schlüpfrigen Leim bedeckt. Die innere Substanz ist dicht und blassgelb.

Dieser Schwamm kam häufig in dem *Burks-Hall* gegenüber liegenden Walde im August 1760 vor. Ich halte ihn für specifisch von dem auf meiner vier und achtzigsten Tafel als *Boletus luteus L.* dargestellten Schwamm verschieden, ob ich ihn gleich damals für dieselbe Art hielt.

---

209. (219.) Boletus substrictus: *stipitatus, coriaceus, stipite gracili subcentrali, pileo subluteo-cinerascente, carne nivea tenuissima, poris minutis angularibus.*

Boletus murinus nobis; pileo pulvinato subtomentoso ferrugineo-subcinerascente, poris angulatis mediocribus stipiteque medio tenuiori laevi concoloribus.

B. subtomentosus ε. murinus Pers. Obs. Myc. P. II. p. 10.

Spindelstrunkiger Löcherschwamm.

Tab. 170.

Der Wurzelknoten ist schmächtig, fest, lederartig, und schickt wenige harte Zasern in den Boden aus.

Der Strunk ist aufrecht, rund oder zusammengedrückt, fest und zähe, aussen bräunlichgelb, innen weiss; zuweilen steht er in dem Mittelpunkte des Huts, zuweilen mehr an der Seite desselben.

Der Hut hat ein sehr dünnes, weisses, zähes und lederartiges Fleisch; die Farbe der Oberfläche ist verschieden, bald gelb oder gelblichbraun, bald neigt sie in das Olivengrüne oder Aschgraue; er ist weich anzufühlen, gewölbt, polsterförmig oder flach, am Rande scharf und öfters unregelmässig wellig.

Die Röhren sind mässig lang und an den Seiten mit einander verbunden. Die kleinen Poren erscheinen dem blossen Auge rund, aber etwas vergrössert, zeigen sie sich verschiedentlich eckig und dicht und zierlich an einander gereiht; von Farbe sind sie blassgelblich.

Diese Art ist selten. Ich fand sie in *North-Dean* bey *Halifax;* auch erhielt ich einige aus *Darlington* von meinem scharfsinnigen Freunde *Edward Robson.* Alle Schwämme, die mir nachden Angaben dieses Anhangs von *Darlington* oder aus der Gegend von *Durham* zukamen, wurden mir durch diesen Freund gesandt und entweder von ihm selbst oder durch Herrn *Thomas Flintoff*, Wundarzt zu *Kayton* in *Yorkshire,* diesen beiden thätigen, fleissigen und wohl unterrichteten Botanikern, gesammelt.

Herr *Robson* ist schon lange mit der Ausarbeitung einer *Flora britannica* nach dem Linneischen System und nach einem in mancher Hinsicht vorzüglicheren Plan, als alle bisher erschienenen, beschäftigt.

Herr *Flintoff* ist es, der die Beobachtungen über *Clathrus coccineus* anstellte, deren ich in der Einleitung zu diesem Werke erwähnte, ob ich gleich aus Versehen Herrn *Robson* nannte, indem ich die Ueberschrift nicht eher beachtete, als bis jener Bogen abgedruckt war.

Anm. Von dem verwandten *B. subtomentosus P.* unterscheidet sich der hier beschriebene Löcherschwamm vorzüglich durch die übereinstimmende Färbung des Strunks und Huts, und durch die verhältnissmässig engeren Poren; auch ist der Strunk bey dem letzteren gewöhnlich kürzer, und in der Mitte nie so auffallend verdünnt. — Wir haben diese Art auch hin und wieder in Deutschland gefunden.

---

210. (220.) HYDNUM minimum: *subrotundum, coriaceo-lignosum, aurantiacum, sessile, ligno putrido superficie adnascens, aculeis brevibus erectis.*

Kleinster Stachelschwamm.

Tab. 171.

Dieses seltsame kleine Gewächs sitzt mit seiner Basis auf faulendem Holze; es ist von runder, kugeliger Gestalt, zuweilen kommt es einzeln vor, doch sitzen häufiger mehrere dicht neben einander, zuweilen hängen sie auch an den Seiten zusammen. Die Grosse ist verschieden, wie sie die Figuren *a* — *b* auf der Tafel darstellen. Es ist trocken, zähe, von leder- oder holzartiger Substanz, sitzt fest auf dem Holze, worauf es wächst, auf, ist weich zu schneiden, und innen weiss.

Die Oberfläche ist dicht mit weichen aufrecht stehenden Stacheln (*aculei*) bedeckt, die in der Farbe von Blassgelb in Goldgelb ändern, im Alter aber grau werden.

Die hier abgebildeten Stücke wuchsen in einem kleinen Walde bey *Stump* in *Northowram* auf einem Splitter von altem Eichenholze; auch sah ich das Gewächs an anderen Stellen in dieser Gegend.

Anm. Hier bleibt uns nur die Vermuthung übrig, ob nicht diese Figuren ein im Hervorbrechen erstorbenes und erhärtetes *Lycoperdon pyriforme P.* darstellen möchten?

---

211. (221.) HELVELLA mesenterica: *acaulis, gelatinoso-coriacea, rugosa, resupinata, supra spongioso-villosa, cinerea, infra laevis, violacea. — Dickson Crypt. Fasc. I. P.* 20. — *Auricularia tremelloides Bull. Texte P.* 278. *N.* 1. — *Mich. Gen.* 124. — *Agaricus mesentericus violacei coloris Ray Syn.* 22.

Thelephora (Stereum) mesenterica Pers. Syn. F. p. 571.
» » » Alb. Schw. p. 275.
Merulius mesentericus Schr. Spicil. p. 138.

Gekrösartiger Faltenschwamm.

Tab. 172.

Ich fand die vorliegenden Stücke auf der glatten Oberfläche des Strunks einer Esche, welche ein Jahr vorher abgesägt worden war.

Das Gewächs erscheint zuerst in Büscheln oder auch einzeln, von durchsichtiger halb gallertiger Substanz und dunkelvioletter Farbe, wie in *Fig. A.B.C.* Mit der Zeit öffnen sich diese Büschel an der Spitze oder an der Seite, entfalten sich und wenden ihre innere Seite nach aussen; in der Folge des Wachsthums breiten sie sich noch mehr aus und nehmen mancherlei Formen an, werden ohr- oder kuppelförmig, halbirt, gelappt, oder am Rande unregelmässig zerschlizt, und liegen dachziegelförmig übereinander. — Die innere Seite, die nun die äussere geworden, ist dick mit einem ocherfarbigen oder grauen haarigen Filze bedeckt und mit concentrischen Kreisen von dunklerer Farbe gezeichnet. Die äussere bleibt glatt und behält ihre violette Farbe bey; sie ist etwas runzelig, doch ohne die Zellen, wodurch sich die *Bulliardschen* Figuren auszeichnen.

Anm. Diese tremellenartigen Warzenschwämme, wie *Thelephora mesenterica P.* und *purpurea P.*, verdienen noch eine genauere Untersuchung. Sie stehen gleichsam zwischen *Merulius*, *Thelephora* und *Auricularia Lin.* in der Mitte und dürften vielleicht eine eigene Gattung ausmachen.

212. (222.) HELVELLA caryophyllea: *subsessilis, coriacea, caespitosa, pileo subinfundibuliformi fusco radiatim flocсoso-striato, margine inciso-ciliato. Dickson Crypt. Fasc. I. P. 20. — Schaeff. Fung. P. 115. N. 246.*

Thelephora (Stereum) terrestris Pers. Syn. F. p. 566.
» » » Nees ab Esenb. Syst. F. 251.
» mesenteriformis Gm. Syst. Nat. II. p. 1440.
» » Schrad. Spicileg. p. 182.
Agaricus tristis Batsch El. F. fig. 121.

Nelken-Faltenschwamm.

Tab. 173.

Dieser Faltenschwamm hat einen dichten, verschieden gestalteten Wurzelknoten und sitzt auf mancherley Substanzen fest. Ich fand ihn auf kleinen Stengeln faulender Pflanzen, und Gras, auch auf der Erde; er ist ganz dunkel-nelkenbraun. Die flockige oder zottige Oberfläche ist mit dunkleren, concentrischen Kreisen bezeichnet. Der Rand ist gezahnt, kraus und wellenförmig gebogen, die Zähne und Buchten sind stark und zierlich mit Haaren von ungleicher Länge gewimpert.

Die untere Fläche ist von blasserer Farbe, mit erhabenen Adern, die gegen den Anheftungspunkt stärker anschwellen und nach dem Rand zu sich wiederholt theilen; sie erscheint gleichsam mit braunen Flocken oder Flaum bestäubt. — Das ganze Gewächs ist weich, biegsam und zähe, wird bald schwarz und stirbt ab.

An dumpfigen und feuchten Stellen, besonders unter dicht stehenden Lerchen und Tannen. Ich fand meine Exemplare in einer kleinen Anlage bey *Lee-Bridge* im Februar 1790.

Anm. Wir können nicht mit Persoon übereinstimmen, wenn er diese *Helvella caryophylea Dicks.* zu seiner *Thelephora caryophylea* zieht, von der sich unsere Figur durch den Mangel des Strunks hinlänglich unterscheidet. Richtiger scheint *Martius* in der *Flora Erlangensis* jene Dicksonsche Helvellen zur *Thel rubiginosa* zu bringen, die aber durch ihre glatte Oberfläche und durch das Vorkommen an Baumstämmen allzusehr von dieser Bolton'schen Figur abweicht.

---

213. (223.) HELVELLA nicotianea: *parasitica, ferruginea, tenuis, flexuosa, margine lobato-crispato nudo aureo, subtus venosa, pallide ferruginea.*

« (Stereum) ferruginea Pers. Syn. F. p. 569.
» » » Alb. Schw. p. 273.
Stereum ferrugineum Fr. Obs. Myc. P. II. p. 274.

Tabackbrauner Faltenschwamm.

Tab. 174.

Diese Helvelle sitzt zuweilen mit ihrer ganzen unteren Fläche an trockenem abgestorbenem Holze und an Baumzweigen fest; zuweilen ist sie an den Seiten ringsum gelöst und der Rand stark aufgerichtet, so daſs sie nur mit ihrem Mittelpunkte angeheftet zu seyn scheint.

Die obere Fläche ist weich und glatt anzufühlen, doch wird sie hauptsächlich in den grösseren Stücken durch erhabene Warzen uneben.

Diefs Gewächs ist sowohl in Farbe als Substanz dem besten Spanischen Tabak so ähnlich, dafs es sich durch diese Eigenschaft, so wie durch seinen goldgelben Rand, schon hinlänglich unterscheidet. Gewöhnlich ist es rund, und am Rande zierlich gelappt, die Lappen sind gekerbt und gezähnt und mit einem feinen goldfarbigen Saume bordirt.

Die untere Seite ist adrig und runzelig, nackt und von blasserer Farbe, als die obere. Der Schwamm dehnt sich öfters zu einem beträchtlicken Umfange aus. Ich sah ihn auf abgestorbenen Aesten des gemeinen Geisblatts zu einer Länge von zwey bis drey Fufs auslaufen, wie diess die obere Figur der Tafel darstellt. Er erreicht seine grösste Vollkommenheit im Februar und stirbt schnell ab.

Der *Auricularia ferruginea Bull.* ist er zwar ähnlich, doch halte ich ihn für specifisch verschieden.

214. (224.) HELVELLA vesiculosa: *major, cerea, tenuis, fragilis, glabra, sessilis, cratera e vesiculoso-marsupiformi. — Peziza vesiculosa Bull. Texte P.* 270. *N.* 38. — *Elvella scutellata Schaeff. Fung. P.* 101. *N.* 212. — *Elvella pyxidata. Ib. P.* 111. *N.* 236. —

Peziza Marsupium β pyxidata Pers. Syn. F. p. 641.

Beutelförmiger Faltenschwamm.

Tab. 175.

Der centrale Wurzelknoten ist schwarz oder dunkelbraun, fest und ungestaltet, mit weichen flockigen Zasern.

In der Jugend ist der Schwamm gewöhnlich kugelförmig, im ausgewachsenen Zustande aber von sehr verschiedener Gestalt; in der Folge wird der Rand unregelmässig wellenförmig gebogen, doch krümmt er sich stets einwärts. Der Schwamm erreicht eine beträchtliche Grösse; ich sah noch grössere Stücke, als die auf Tafel 175 dargestellten.

Im Anfange ist er auf der äusseren Seite mit einer Art von Körnern oder kleinen Blattern bedeckt; die aber nur durch die Linse zu erkennen sind; in der Folge verschwinden diese und er erscheint alsdann mit einem weissen Staube, wahrscheinlich dem Saamen des Gewächses, bestreut. Die innere Seite des Bechers ist glatt, wie Pergament, und dunkel-ocherfarbig; die Substanz ist sehr saftig und brüchig.

In gewissen Zuständen gleicht dieser Schwamm der *Helvella cochleata*, doch glaube ich, ihn wegen seiner Grösse und anderen Eigenschaften mit Recht als eigne Art betrachten zu dürfen.

---

215. (225.) HELVELLA fibuliformis: *minima, stipitata, cartilaginea, pileo supra ochroleuco, stipite brevi nigrofusco.*

Peziza Fibula Pers. Syn. F. p. 660.

Knopfförmiger Faltenschwamm.

Tab. 176.

Dieses kleine Gewächs kommt auf Stengeln oder Wurzeln in der Nähe von Bächen und Wasserrinnen vor.

Es besteht aus einem kleinen, festen, glatten und klebrigen, auf der oberen Seite gelblich-ocherfarbigen Hut, und dieser wird von einem runden, 1 Linie langen, festen und dichten Strunke getragen, der sammt der unteren Seite des Huts von schwarz-brauner Farbe ist.

Die unteren Figuren auf der Tafel zeigen den Schwamm in natürlicher Grösse, die drey oberen sind vergrössert.

Die hier beschriebenen und abgebildeten Stükke wuchsen an dem Ablaufe des Brunnens zu *Bell Bank* bey *Bingley* Sie sassen auf dünnen

Zweigen einer Ulmenwurzel, welche durch das ablaufende Wasser entblösst worden waren und von dem Wasserstrahl immer berührt wurden.

---

216. (226.) HELVELLA membranacea: *acaulis, difformis, subfusca, margine varie lobato-crispato, subtus venosa, venis ramosis anastomosantibus. — Dicks Crypt. Fasc. I. P. 21. — Helvella dimidiata Bull. Texte P. 291. N. 3. ib. Agaricus muscigenus.*

Merulius lobatus Pers. Syn. F. p. 494.
» muscigenus Schr. Spicil. p. 137.

Dünner Faltenschwamm.

Tab. 177.

Dieses kleine und zarte Gewächs treibt nach unten in den moosigen Boden, auf dem es wächst eine schmächtige, längliche Wurzel, mit wenigen, haarförmigen Zasern; an dem oberen Theile derselben breitet sich der Schwamm horizontal auf der Oberfläche des Mooses aus und hat ganz das Ansehen einer Tremella, Er ist von Gestalt sehr verschieden, halbirt oder auch in mehrere breite Lappen getheilt; er ist dünn, biegsam oder vielmehr lederartig.

Die obere Seite ist glatt und dunkelrothbraun; die untere Seite ist mit sehr ästig zertheilten Adern bedeckt, wodurch das Gewächs in der Jugend einem kleinen, halbirten, parasitischen Blätterschwamm aehnlieh wird. Ich fand diesen Schwamm wiewohl selten, auf Bryum an alten Mauern; auch kam er mir aus der Gegend von *Durham* zu, wo er, wie ich höre, auf Strohdächern gemein ist.

Anm. Nach Schrader wäre auch *Merulius muscorum Roth.* uud *P.* hierher zu ziehen.

---

217. (227.) LYCOPERDON gossypinum: *minimum, subturbinatum, sublanuginosum, carne alba, seminibus fuscescentibus, pericarpio floccoso. Bull. Texte. P.* 147. *N.* 3. — *Lycoperdon equinum Willd. Flora Berol. P.* 412. *T.* 7. *fig.* 20. — *Lichen byssoides Var. B. Huds. Angl. P.* 521.

Flockiger Staubpilz.

Tab. 178.

Dieser Ssaubpilz ist von sehr verschiedener Gestalt; am häufigsten' kommt er kreiselförmig vor mit einem dünnen Strunke, wie er in den oberen Figuren der Tafel erscheint; zuweilen, besonders in der Jugend, ist er vollkommen sitzend; in einem anderen Zustande ist der Hut kugelförmig und ruht auf einem verlängerten bauchigen Strunke, einem engen Krug nicht unähnlich, wie ihn die untere Figur darstellt. In beyden Zuständen ist er anfangs rein weiss, wird aber bey zunehmendem Wachsthum dunkelbraun; seine Oberfläche ist weich und flokkig. Die kleineren Figuren zeigen die natürliche Grösse, die zwey abgesonderten Stücke sind vergrössert.

Diese beyden Formen mögen wohl zwey verschiedene Arten seyn, da ich sie aber zu derselben Zeit, an gleicher Stelle und zwar nie auf irgend etwas Anderem, als auf faulenden Hufen fand, so habe ich sie unter einer Art vereinigt.

Anm. Persoon hält diese Bolton'sche Figuren *Observ. mycol. P.II. p.* 72.) für eine von seiner *Onygena equina* verschiedene Art und wir müssen ihm hierin völlig beistimmen, da wir uns von der Treue der Bolton'schen Abbildungen in so vielen anderen Fällen überzeugt haben. Aber die Bolton'sche Tafel selbst stellt, wie dieser ebenfalls bemerkt. zwey so auffallend verschiedene Pilze vor, dafs wir durch die Rücksicht auf den gemeinschaftlichen Standort uns nicht mehr berechtigt glauben können, sie als eine und dieselbe Art zu betrachten.

Um daher diese verwandten Formen der Gattung *Onygena* einer künftigen Beobachtung näher zu legen, geben wir hier die Unterscheidungsmerkmale der vier durch diese Vergleichung sich ergebenden Artformen:

1) *Onygena* equina: *gregaria, albido-pallescens, peridio orbiculari subtus umbilicato glabro rugoso subfurfuraceo. Pers. Syn. F. p.* 203.
Obs. Myc. P. II. p. 71.
Tab. 6. *fig.* 3. *a. b. c. cum synon.*
Alb. Schw. p. 112.
N. ab E. Syst. fig. 121.

2) *Onygena* gossypina: *gregaria, albida, peridio turbinato floccoso-furfuraceo. Bolton Fung. App. P.* 178. *T.* 178. *figurae superiores.*

3) *Onygena* fusipes *nobis: gregaria, albida, peridio orbiculari floccoso-pulverulento, stipite ventricoso. Bolton Fung. App. P. 178. T. 178. figurae inferiores.*

4) *Onygena* corvina *Alb. Schw.: gregaria, peridio suborbiculari pallide fusco granulato, stipite subulato albo. Alb. Schw. p. 113. N. 316. T. IX. f. 2.*

O. hypsipus Sturm Deutschl. Flor. III. Taf. 12.

---

218. (228.). LYCOPERDON stellatum: *volvaceum, prima aetate subterraneum. — Bull. Texte P. 160. N. 10. — Geaster major umbilico fimbriato Mich. P. 220. — Lycoperdon stellatum Schaeff. Fung. P. 126. N. 270. — Ray. Syn. P. 27. N. 11.*

Geastrum Boltoni nobis: argillaceum, multifidum, peridio pedicellato globoso, primum coeruleo-reticulato demum laevi concolore, ore plano.

Sternförmiger Staubpilz.

Tab. 179.

Dieser Staubpilz erscheint zuerst als eine runde Kugel, die aus der Erde hervortritt. Der Wulst, oder die äussere Hülle, öffnet und theilt sich in mehrere Abschnitte, wodurch sie das Ansehen einer Blume bekommt; in ihr findet sich ein kugliger Staubpilz, der bey'm Oeffnen des Wulstes sitzend ist, nachher aber sich auf einem kurzen Stiele erhebt.

Die Abschnitte des Wulsts sind dick, fleischig und graulich-braun, die Ränder ausgenommen, welche dünn und heller gefärbt sind; ihre Gestalt und Grösse ist verschieden, einige sind breiter, andere schmäler, andere etwas gespalten; auch ihre Zahl ist unbestimmt.

Die im Mittelpunkte sitzende Kugel, oder der Hut, ist zuerst ringsum mit einem bläulich-grauen, dünnen Netzwerke umgeben, welches späterhin abfällt und verschwindet. Dieses Köpfchen, oder diese Zentralkugel, zerreisst nachher an der Spitze und gibt Staub, wie andere Arten dieser Gattung, von sich, worauf es einsinkt, runzelig und schmutzig-braun wird und schnell vergeht.

Am Saume des *Swains Moors* bey *Halifax*, doch selten.

Anm. Man vergleiche, was Persoon über diesen Pilz (*Syn. F. p.* 136) sagt. Die von Bolton angezogenen Citate scheinen sämmtlich nicht hierher zu gehören.

219. (229.) SPHAERIA concentrica: *sessilis, reniformis, extus punctata subfulva, subfoliginosa, intus fragilis, circulis concentricis notata, semina in vesicula urceolata. — Agaricum durum crassum assulatum etc. Mich. gen. P. 121. Ordo 4.*

Sphaeria concentrica Pers. Syn. F. p. 8.
» tunicata Tode Fung. Meckl. T. 17. f. 130.
» concentrica N. ab E. Syst. fig. 308.
» » Mart. Fl. Frl. p. 476.

Concentrischer Kugelschwamm.

Tab. 180.

Alle Stücke dieses Gewächses, die mir zu Gesicht gekommen, waren vollkommen sitzend und zwar auf faulendem Holze mit einem breiten und flachen Grunde; sein Umfang ist verschieden; es kommt von der Grösse einer Castanie bis zu der einer Ochsenniere vor; auch in der Gestalt ändert es ab; bald ist es gewölbt, polsterförmig, bald nierenförmig, oder in Höcker aufgeblasen mit dazwischen liegenden Vertiefungen.

Die Oberfläche ist fest, hart und glatt, schlüpferig anzufühlen, aber überall dicht punktirt; die Rinde, oder äussere Hülle, ist an sich dunkelkastanienbraun, aber zu einer bestimmten Zeit mit einem braunrothen Staube, wie in *Fig. a.*, bedeckt, welcher die Blüthe des Schwamms ist. Zu einer anderen Zeit verliert sich dieser rothe Staub und es folgt ein sammtschwarzer, welcher der Saame ist.

Die innere Substanz ist dicht, aber zerbrechlich; sie besteht aus verschiedenen Lagen von einer veränderlichen grauen Farbe, mit etwas dunkleren concentrischen Kreisen.

Der Schwamm ist ausdauernd und ich möchte die Kreise für Jahres-Ringe halten, indem das Wachsthum in iedem Jahr eine Lage neuer Fruchtbehälter auf der Oberfläche der alten hinzufügt.

Die Saamenbehälter sind nicht kuglig, sondern urnen- oder krugförmig; so lange der rothe Staub auf der Oberfläche des Schwamms liegt, sind ihre Mündungen fest geschlossen und sie selbst mit einer weissen Gallerte erfüllt; wenn der schwarze Staub erscheint, sind sie geöffnet und voll schwarzer Saamen. Ein Stückchen derselben ist in beyderley Zuständen (mit abgenommener Rinde) etwas vergrössert in *Fig. c.* darstellt.

Ich fand diesen Schwamm an alten Dornsträuchen in dem Park zu *Fixby Hall*; auch wurde er bey *Elland* gefunden und kam mir ferner aus der Grafschaft *Durham* in sehr vollkommenen Stücken zu.

220. (230.) SPHAERIA maxima: *magna, crassa, atra, superne pustulis notata. — Dicks. Crypt. Fasc. I. P. 23. — Weber Gotting.* 286. — *Hypoxylon ustulatum Bull. Texte P.* 176. *N.* 11. — *Hall. Histor. N.* 2192. — *Mich. Gen. P.* 104 — *Spharia deusta Hoffm. Crypt. Fasc. I. P.* 3.

Sphaeria deusta Pers. Syn. F. p. 16.
» » Alb. Schw. p. 6.
» » N. ab E. Syst. fig. 316.
» » Mart. Fl. Erl. p. 479.

Grösster Kugelschwamm.

Tab. 181.

Dieser Schwamm findet sich an altem Holze und an Baumstrünken, die sich in einem weit vorgerückten Zustande von Zerstörung befinden; er ist nach dem verschiedenen Alter flach oder gewölbt, und ausdauernd durch mehrere Jahre. Die Oberfläche ist von mattschwarzer Farbe und hat fast das Ansehen von altem Schuhleder. Die Substanz ist sehr zerbrechlich und auf der Aussenseite, besonders an alten Stücken, durch überall sich erhebende Höcker oder gleichsam angeschwollene Beulen uneben; in einer gewissen Entwicklungsperiode ist er dicht mit erhabenen Warzen, - späterhin aber mit verteiften Punkten bedeckt. Die kugelförmigen Saamenbehälter liegen in einem dichten Boden (*stroma*) unter der Rinde oder äusseren Hülle des Gewächses, an deren inneren Wand sie im trokkenen Zustande mit ihren Mündungen festsizen, denn der ganze übrige Theil der inneren Substanz verschwindet, und der Schwamm wird hohl.

In *Fig. B.* ist ein Stückchen schief abgeschnitten, um die Lage der Saamenbehälter zu zeigen; in derselben Absicht ist ein anderes senkrecht durchschnitten in *Fig. C.* In *Fig. D.* ist ein einzelner Saamenbehälter, etwas vergrössert, und in *E.* ein anderer queer durchschnitten dargestellt.

Die hier beschriebenen Stücke wuchsen unter anderen viel breiteren an einem alten Eschen-Strunke bey *Elland.*

---

221. (231.) SPHAERIA riccioidea: *coriacea, ramosa, fulva., in ramos subdivisos expansa.*

Sphaeria (Xylaria Hill. Pers. Ch. Cordylia, Fr.) riccioides nobis; clavaeformis, caespitosa, carnosa ruso - fulva, clavulis radiatim decumbentibus divisis.

Acrospermum lichenoides Tode Fung. Meckl. Fasc. 1. Tab. II. fig. 15. a. b.

Sphaeria militaris β polycephala Pers. Syn. F. p. 2?

Zirkelförmig-ästiger Kugelschwamm.

Tab. 182.

Ich fand dieses sonderbare kleine Gewächs auf Weiden- und Hasel-Zweigen, die schon so weit zerstört waren, dafs man sie leicht zwischen den Fingern zusammendrücken konnte. Von einem gemeinschaftlichen Mittelpunkte laufen kreisförmig viele einfache oder ein-bis zweymal getheilte Aeste aus, von zäher fester und lederartiger Substanz und rothbrauner oder satt pomeranzengelber Farbe und etwas rauh anzufühlen. Das Innere ist weiss und dicht. Im Alter ist der Schwamm, besonders gegen den Mittelpunkt, mit einem grünlichen Staube bedeckt.

Die Saamenbehälter sind klein, dem unbewaffneten Auge nicht sichtbar; sie liegen dicht unter der Rinde und bilden auf der Oberfläche kleine Höcker, die schon bey schwacher Vergrösserung zu erkennen sind. Die ganzen Figuren zeigen die natürliche Grösse des Gewächses und die Art seines Wachsthums auf breiteren oder schmäleren Holzstücken. Die abgesonderte Figur zur Rechten stellt einen einzelnen Ast etwas vergrössert dar, von dem ein abgeschnittenes Stückchen, stärker vergrössert, in der unteren Figur zu sehen ist. Der Schwamm sitzt mit der ganzen Breite seiner unteren Fläche fest auf dem Holze auf. Beym Oeffnen der Saamenbehälter des jungen Gewächses fand ich diese mit weisser Gallerte erfüllt; die der älteren Stücke enthielten braune, kuglige Saamen, oder waren leer.

An abgestorbenen Aesten dicht an dem Bache unterhalb dem *Ramsden-Wald* im Februar 1790.

Anm. Es leidet kaum einen Zweifel, dafs Persoons *Sphaeria militaris β polycephala* zu der hier beschriebenen Art gehöre, und Bolton hatte nur grössere und ausgebildetere Individuen vor sich. Der rasenförmige Wuchs, der sehr verkürzte Stiel wodurch die Keulchen fest aufsitzen, und die fast horizontale Lage derselben scheinen uns hinreichende Merkmale zu seyn, sie als eigne Art aufzustellen.

Wahrscheinlich kannte Bolton den *Boletus ramosus*, den er fragweise hierher zieht, nur aus Abbildungen, sonst würde er wohl schwerlich auf ein solches Synonym gefallen seyn. Dagegen gehört, als zuverläsiges Synonym, *das Acrospermum lichenoides* Tode hieher.

INDEX GENERALIS BOLTONIS.

GENUS I.

AGARICUS.

Nomina trivialia.	Tab.
Acris -	60.—A. spadiceus. Schaeff. Fung. tab. 73.
Adscendens -	55. - A. vinosus. Bull. pl. 54.
Albus -	153.—A. nitens. Schaeff. tab. 238. Ib. albus 256.
Alumnus -	155.—A. tuberosus. Bull. pl. 256.
Amethystinus	63.—A. laccatus. Schaeff. tab. 13. Sterbeeck Fung. tab. 23 B.
Androsaceus	32.—A. androsaceus. Bull. pl. 64. Schaeff. tab. 239. Vaillant. tab. 11. fig. 23. Boccone Mufaeum, tab 104.
Annulatus -	23.—A. colubrinus. Bull. pl. 78. Schaeff. tab. 22, 23. 247. Flora Danica. tab. 772. Battarra. tab. 6. fig. A. Sterbeeck, tab. 7, fig. A. Parkinson, p. 1318, fig. 22.
Aquosus -	71. f. 1 —Vaillant, tab. 13, fig. 4, 5, 6.
Atro-albus -	137. —Fig. nulla fida
Atro-rufus -	51.—A. semiorbicularis. Bull. pl. 422, fig. 2. Schaeff. tab. 234.
Betulinus -	72. f. 1.—A. stypticus. Bull. pl. 140. Schaeff. tab. 208, 246. Fl. Dan. tab. 832, fig. 1.
Bulbosus -	147.—A. nudus. Bulliard, 439, fig. A. Schaeff. tab. 34, 53. Buxbaums, Cent. 4, tab. 9.

F

Index generalis Bolt.

Index generalis Bolt.

Index generalis Bolt.

Nomina trivialia.	Tab.
	tab. 95, 258. Mich. Gen. tab. 78, fig. 12. Sterbeeck, tab. 22, A. Lister in Goedartus de Insectis, tab. 136, 142, 143.
Myodes -	139.—A. verrucosus. Bulliard, pl. 316. Schaff. tab 261, 27. fig. 1.
Melleus -	141.—A. melleus. Fl. Dan. tab. 1013, an squamosus? Bulliard, pl. 266. Schaeffer, tab. 74, 209.
Nobilis -	46.—A. pseudo-aurantiacus. Bulliard, pl 122, Sterbeeck, tab 22. fig. A.
Nuceus -	70.—A. pullus. Schaeff. tab. 250, 253.
Oblectus -	142.—A. fugax. Schaeff. tab. 67, 68. Mich. Gen. tab. 80, fig. 3.
Oreades -	151.—A. pseudo-mouceron. Bulliard, pl. 144. Mouceron, pl. 142, pl. 428, fig. 1. Schaeffer, tab. 45, 50, 205. Battarra. tab 22, fig. C.
Peronatus -	58.—A. alliaceus. Bulliard, pl. 158.
Piperatus -	21.—Bulliard, pl. 292. Lactifluus-acris, ib. 200. Schaeffer, tab. 83.
Planus -	72. f. 3.—A. tremulus. Schaeffer, tab. 224.
Plumosus -	33.—A. innominat. Fl. D. tab. 491.
Politus -	30.—A. cyaneus. Var? sive species non descripta?
Pompatus -	5.—A. hybridus. Bulliard, pl. 398. Schaeffer, tab. 49, Fl. Dan. tab. 890. Hedwig. Theor. Crypt. tab. 35. Buxbaums Cent. 4, tab. 34.
Procerus -	37.—A. filopes. Bulliard, tab. 320.
Pseudo-clypeatus	154.—Spec. nova.
Pseudo-cinnamomeus	22.—A. nitidus. Schaeffer, tab. 97, et fortasse, 206, 252, 255. Battarra, tab. 17. fig. A, tab. 14, C. Buxbaums Cent. 4. tab. 1, fig. 1.
Purpureus	41. B.—A. columbarius. Bull. pl. 413, fig. 1.
Pullatus -	20.—A. cinereus. Bull. pl. 88. Schaeff. tab. 100. Mich. Gen. tab. 85. fig. 5.
Pulvinatus	49.—A. volvaceus. Bull. pl. 262. Fl. Dan. tab. 1014. Schaeff. tab. 85, 86.

Index generalis Bolt.

Nomina trivialia. Tab.

Violaceus - 52.—A. araneoso-violaceus. Bulliard, pl. 250. Schaeff. tab. 3. Mich. Gen. tab. 74, fig. 1. Buxbaums Cent. 4. tab. 9.

Umbelliferus 39. A.—A. griseus. Schaeff. tab. 236, 309. Mich. Gen. tab. 80, fig. 11.

Umbilicatus 17.—Bulliard. pl. 411, fig. 2. Schaeff. tab. 39, 207, 256.

Zonarius - 144.—A. deliciosus. Schaeffer, tab. 11, 235. Battarra, tab. 16, H.

GENUS II.

BOLETUS.

Albus - - 78.—B. salicinus. Bull. pl. 433, fig. 1.

Annularius 169.—B. annularius. Bulliard, pl. 332. Schaeffer, tab. 114.

Auriformis 82.—Auricularia reflexa. Bulliard, pl. 274, 483. Mich. Gen. synon. exclusis.

Betulinus - 159.—B. betulinus. Bulliard, pl. 312.

Bovinus - 85.—B. edulis. Bulliard, pl. 60, 494. B. felleus 379. B. tuberosus 100. B. cyanescens, 369 Schaeffer, tab. 107, 108, 134, 135. Mich. Gen. tab 86, fig. 1. Sterbeck, tab. 17, E, G, H, I.

Calceolus - 168.—B. calceolus. Bulliard, pl. 360.

Elegans - 76.—B. imbricatus. Bulliard, pl. 366. An B. acanthoides? Ib. pl. 486. Schaeffer, tab. 128, 129. Fl. Dan. tab. 952. Battarra, tab. 34. B. Barrelier Icon. 1267, 1268.

Hetroclitus 164.—B. aurantius. Schaeff. tab. 109, 110. Batt. tab. 37. H Sterb. tab. 12. A.

Hepaticus - 79.—Fistulina buglossoides. Bulliard, pl. 464, 407, et B. hepaticus, pl. 74.

Hispidus - 161.—Bulliard. pl. 210, 493. Battarra, tab. 33, D, E, F, G, H.

Igniarius - 80.—Bulliard. pl. 82, 454, et fortasse 401. Schaeffer, tab. 106, 137, 138.

Index generalis Bolt.

Nomina trivialia.	Tab.
	262, 263. Fl. Dan. tab. 953. Battarra, tab. 37, E. D.
Lacrymans	167. f. 1.—Jacquin. Misc. Aust. 2, tab. 8. fig. 2. Clavar. dentata, Scopoli Diss. tab. 9, fig. 3. Ray Syn, tab. 1, fig. 5. Fung. Prop. tab. 74, var. crassus.
Lateralis -	83.—B. nummularius. Bulliard, pl. 124.
Luteus -	84.—B. communis. Bulliard, pl. 393. Schaeffer, tab 105, 112, 113, 126, 130, 133, 134, 135, 315, Mich. Gen. tab. 69, fig. 1, 2. Hedwig Th. Crypt. tab. 36.
Medulla-panis	167. f. 2. Jacq. Misc. Aust. tab. 11. Mich. Gen. tab. 63, fig. 2.
Obliquus -	74.—B. lacrymans Var.
Procerus -	86.—B. scaber. Bulliard pl. 132, 489. B. rufus. Schaeffer tab. 103. 104.
Proteus -	166.—Auricularia corticalis. Bulliard, pl. 336, fig. 1. A. phyllacteris, ib. fig. 2. B. cellulosus. Fl. Dan-716, fig. 1. An Merulus crispat sus ib. fig. 2.? Mich. Gen. tab. 66, f. 7.
Rangiferinus	138.—Blaks. Spec. Bot. tab. 1. Fucus digitatus. Fl. Dan. tab. 405. Battarra, tab. 24. A. Sterbeeck, tab. 29, B.
Resupinatns	165.—An B. cryptarum. Bulliard 478, an spec. nova?
Squamosus	77.—B. juglandis. Bulliard, pl. 19. B. polymorphus, pl. 114. B. subsquamosus, Batsch Fung. Tom. 1. tab. 10. fig 41. Schaeffer, tab. 101, 102. Fl. Dan. tab. 893. Battarra, tab. 37, B. Sterbeeck, tab. 13, 14, fig. omnes.
Substrictus -	170.—Fig. nulla fida.
Suberosus -	162.—B. suberosus. Bulliard, pl. 482, Schaeffer 314.
Subtomentosus	87.—B. fimbriatus. Bulliard, pl. 254. Schaeffer, tab. 125.
Tenax -	75.—B. sulphureus. Bulliard, pl. 429.

Nomina trivialia. Tab.

Schaeffer, tab. 131, 132, 316, 317. Fl. Dan. tab. 1019. Battarra, tab. 34, A.

Unicolor - 163.—Bulliard, pl. 408 et 501, fig. 3.

Versicolor 81.—Bull. pl. 86. Schaeffer, tab. 136, 263, 268, 269, 270. Battarra, tab. 35. fig. A. Sterbeeck, tab. 27. fig. K, L.

GENUS III.

HYDNUM.

Auriscalpium 90.—Bulliard, pl. 481. fig. 3. Schaeffer, tab. 143. Fl. Dan. 1020. Mich. Gen. tab. 72, fig. 8. Buxbaums Cent. 1 tab. 57, fig. 1.

Imbricatum 80.—Mich. Gen. tab. 72, fig. 2. Vaillant, tab. 14. fig. 6, 7, 8.

Minimum 171.—Icon et synonyma nulla fida.

Repandum 89.—Bulliard, pl. 172. Schaeffer, tab. 141, 271, 273. 318. Hedwig Theor. Crypt. tab. 37. Mich. Gen. tab. 72, fig. 3.

GENUS IV.

PHALLUS.

Esculentus - 91.—Bulliard, pl. 218, opt. Schaeffer, 199, 298, 299. 300. Fl. Dan. tab. 53. Mich. Gen. tab. 85. fig. 1, 2. Tournefort, tab. 329. Battarra, tab. 2, fig. F. Sterbeeck, tab. 10. fig. omn. Ger. Em. p. 1583, fig. 1.

Impudicus - 92.—Bulliard, tab. 182. Schaeff. t. 196, 197, 198. Fl. Dan. tab. 175. Mich. Gen. tab. 83. Battarra, tab. 2. A. Sterb. Fung. tab. 30.

Nomina trivialia Tab.

A, B, C, D. Barrelier, Icon 1264, 1258, Ger. Em. p. 1583, fig. 1. Clus. Hist. p. 286.

GENUS V.

CLATHRUS.

Denudatus - 93. f. 2.—Trichia cinnabarina. Bulliard, pl. 502, fig. 1. Batsch. tab. 30, fig. 177. Mich. Gen. tab. 94, fig. 2.

Flavus - 93. f. 4.—Sphaerocarpus luteus. Bulliard, pl. 407, fig. 2. Sph. viridis, ib. fig. 1.

Fulvus - 93. f. 3.—Sphaerocarpus coccineus. Bulliard, tab. 368, fig. 1. Trichia graniformis, Hoffm. Crypt. Fasc. 2, tab. 1, fig 2.

Nudus - - 93. f. 1.—Trichia axifera. Bulliard, 477, fig 1. Trichia typhoides, ib. pl. 477? Batsch Fung. tab. 30, fig. 176. Hoffm. Crypt. Fasc. 2, tab. 2. fig. 3. Hall. Hist. tab. 48, fig. 1. Mich. Gen. tab. 96 fig. 4, tab. 94. fig. 1, 2.

Olivaceus - 94. f. 2.—Trichia leucopodia. Bulliard, pl 502, fig. 2.

Sphaerocephalus 94. f. 1.—Hall. Hist. 2160, tab. 48, fig. 2 Dill Musc. tab. 14. fig. 5.

Turbinatus - 94. f 3.—Sphaerocarpus chrysospermus. Bulliard. 417, fig. 4, ib. fig. 2. Schaeffer Fung. tab. 296, fig. 23. Lycoperdon favogineum. Batsch. Fung. Fasc. 2, tab. 30, fig. 173.

GENUS VI.

HELVELLA.

Agariciformis 98. f. 1.—Spec. nov.

Aurea - 98. f. 2.—Spec. nov.

Index generalis Bott.

Index generalis Bolt.

GENUS VII.

PEZIZA.

Nomina trivialia. Tab.

Auricula - 107.—Peziza nigra. Bulliard, pl. 460. Tremella atra. Fl. Dan. tab. 884.

Coccinea - 104.—Peziza epidendra. Bull. pl. 467, fig. 3. Mich. Gen. tab. 86, fig. 5, 6.

Coerulea - 108. f. 2.—Peziza stercoraria. Bulliard, pl. 483, fig. 4. Var. P. scutellatae non est.

Cornucopioides 8.—Bulliard, pl. 150, 498, fig. 3. Schaeff. tab. 165, 166, 270. Vaillant, tab. 13, fig. 2, 3.

Fusca - 109. f. 2.—Species nova.

Inflexa - 106. f. 2.—Peziza coronata. Bulliard, pl. 416, fig. 4. Fl. Dan. tab. 1016, fig. 3.

Lentifera 102. f. 1.—Nidularia vernicosa. Bull. pl. 488, fig. 1. Schaeff. tab. 180. Fl. Dan. tab. 469. Vaillant, tab. 11, fig. 6, 7. Mich. Gen. tab. 103, fig. 3. Hoffm. Crypt. Fasc. 2. tab. 8.

Ochroleuca 105. f. 1.—Peziza coriacea. Bulliard, pl. 438, fig. 1. Fl. Dan. tab. 1016, fig. 2.

Scutellata - 108. f. 1.—P. granulata. Bulliard, pl. 438, fig. 3, ib. pl. 376. Fl. Dan. tab. 654, fig. 2. Vaillant, tab. 13, fig. 13, 14.

Striata - 102, f. 2. Nidularia striata. Bulliard, pl. 40, fig. A. Schaeffer. tab. 178. Vaillant, tab. 11, fig. 4, 5 Mich. Gen. tab. 102, fig. 2. Hoffm. Crypt. Fasc. 2, tab. 8, fig. 3.

Tuba - - 106 f. 1.—Fungoidaster etc. Mich. Gen. tab, 82, fig. 3.

Undulata - 105. f. 2.—Helvella tubaeformis. Bull. pl. 461, crispa ib tab. 465, fig. 1.

Viridis - - 109. f. 1.—P. viridis. Bulliard, pl. 376, fig. 4. P. callosa ib. pl. 416.

Nomina trivialia. Tab.

fig. 1. Peziza Schenkii. Batsch, Fasc. 1, fig. 52. P. grisea ib. fig. 55. P. olivacea ib, fig. 51.

GENUS VII.

CLAVARIA.

Coralloides 113.—Bulliard, pl. 364, var. cinerea, ib. pl. 222. var. lutea. Schaeffer, tab. 176, 177. Barrelier, Ic. 1266. Germ. Em. 1579, fig. 2.

Elegans - 115.—C. rugosa. Bulliard. pl. 448. fig. 2, 496, fig. 3. Schaeffer, tab. 291.

Fastigiata - 112. f. 2.—C. muscoides. Bulliard, tab. 358. fig. D, E. tab. 495. var. purpurea. Ray Syn, tab. 24, fig. 6.

Gracilis - 111.—An nov. Spec?

Gyrans - 112. f. 1.—C. filiformis. Bulliard, pl. 448. fig. 1.

Muscoides - 114.—Bulliard, pl. 358, fig. A, B, C. Schaeffer, tab. 173, Fl. Dan. tab. 836, fig. 2, 775, fig. 3. Barrelier, Ic. 1279.

Ophioglossoides 111,— f. 2.—Bulliard, pl. 372, Schaeffer, tab. 372.

Pistillaris - 110.—Bulliard, pl. 244. Schaeffer, tab. 169, 289, Fl. Dan. 837, fig. 1, 2, 3. tab. 775, fig. 2.

GENUS IX.

LYCOPERDON.

Bovista - 117.—Bulliard, pl. 461, fig. 1, ib. fig. 2, fig. 447, 435. fig. 1, 2, 3, 430, 440. 72, 52. Schaeffer, tab, 184, 185, 186, 187, 189, 190, 191. 192, 193, 194, 195. Marsigli Fung. Carr. fig. 1, 2. Var. max.

GENUS X.

SPHAERIA.

Index generalis Bolt.

Index generalis Bolt.

GENUS XI.

M U C O R.

Bonn, gedruckt bei P. Neusser.

Register.

A

Register.

Register.

Corrigenda.

Tom. IV. P. LVIII. 67. post *Torulae* generis descriptionem inseratur:

Adnot. Genus *Synaphia*, nobis appellatum, (*Conferva mucoroides Fries.* Vet. *Acad. Handl.* 1814. tab. VIII. f. 1—6. — Algarum Decas. IV. p. 54. c. ic. — de metamorphosi Algarum. Lundae. 1820. p. 8.) *Torulam* inter *Algas* singulari modo refert, et eam quidem ex *mucoris* cuiusdam *vesiculiferi* fallaci specie nascentem. Suadent tamen et locus natalis (in ligneis fenestrarum valvis, humore stillante irriguis), et massa gelatinosa, et modus crescendi diversus, — (ut taceam fibrarum bibacitatem, mucoribus etiam byssoideis congenitam), — *Algarum* potius hanc esse civem, quam *fungorum*, neque, quae est autoris celeberrimi sententia, *eandem* plantam, aetate tenera granulosam, *mucorem*, —eandem vero post sporulas coniunctas *Algam* esse habendam. Quod etsi animus non sit, litem de Mucorum cum Algis nexu naturali harumque mutua transformatione hic levi ictu dirimere, saltem suspicare licebit, *Synaphiam*, quam vocamus, ortum ducere a *Linckia* aliqua, aut etiam a *Nostochio* minuto, gelatinosa intestina sua evomente; scilicet granula, muco genita, tum nisu proprio vehi in series, his generibus peculiares, et itaque prodire, rupto integumento, sub aëre libero *Confervam*, quae, gelatina dum perstet, *Rivularia*, — tenaciori autem vesicula reclusa, *Linckia* futura essent.

Generis *Synaphia* (a συναφὴ, coniunctio) characterem essentialem sic describimus:

Synaphia: massa subgelatinosa, granulosa, *vesicula* inclusa; *granulis*, rupta vesicula, in *Confervam* vigentem moniliformem coëuntibus.

Pag. LXXIX. l. 8. ab inf. pro Pers. lege *Fries.* — p. LXXXI. lin. 16. del. Pers. post „rigidus." — p. XCVI. l. 9. loco Boletus luridus Pers. lege *Boletus rubeolarius Pers.* — p. CXXIX. l. 6 ab inf. pro Pers. lege *Fries.*

Indici adde:

130

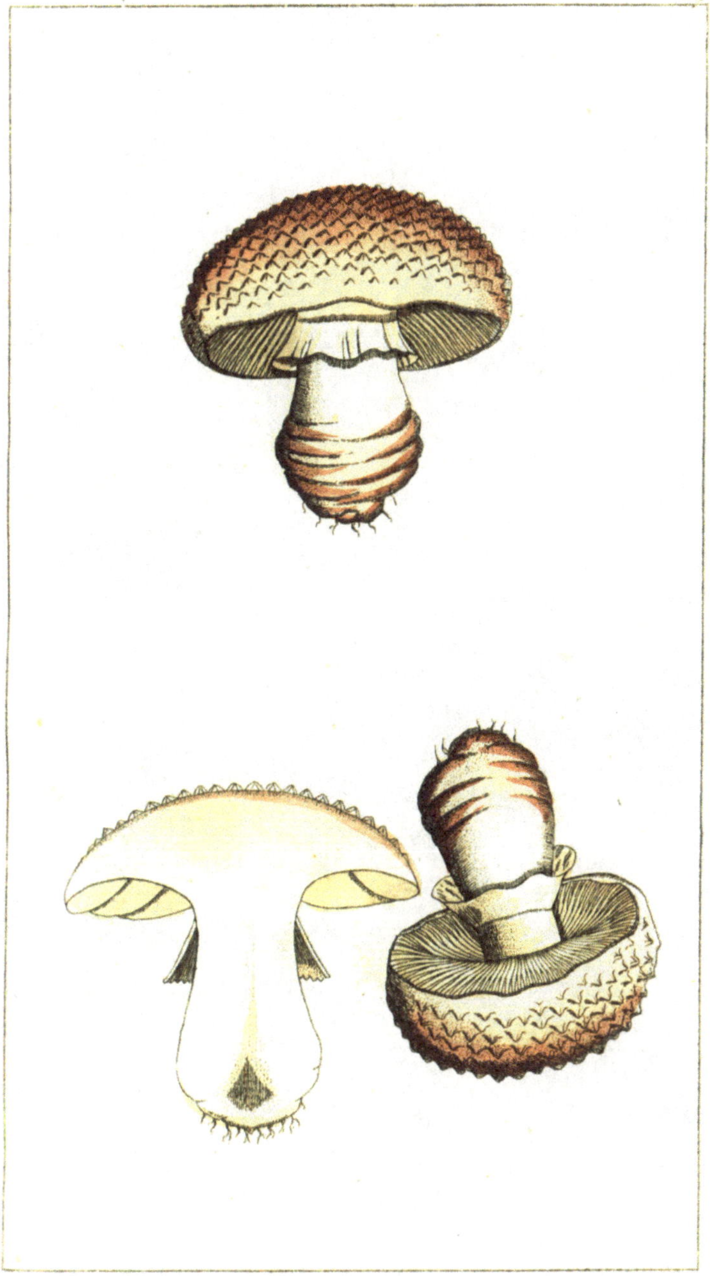

142.

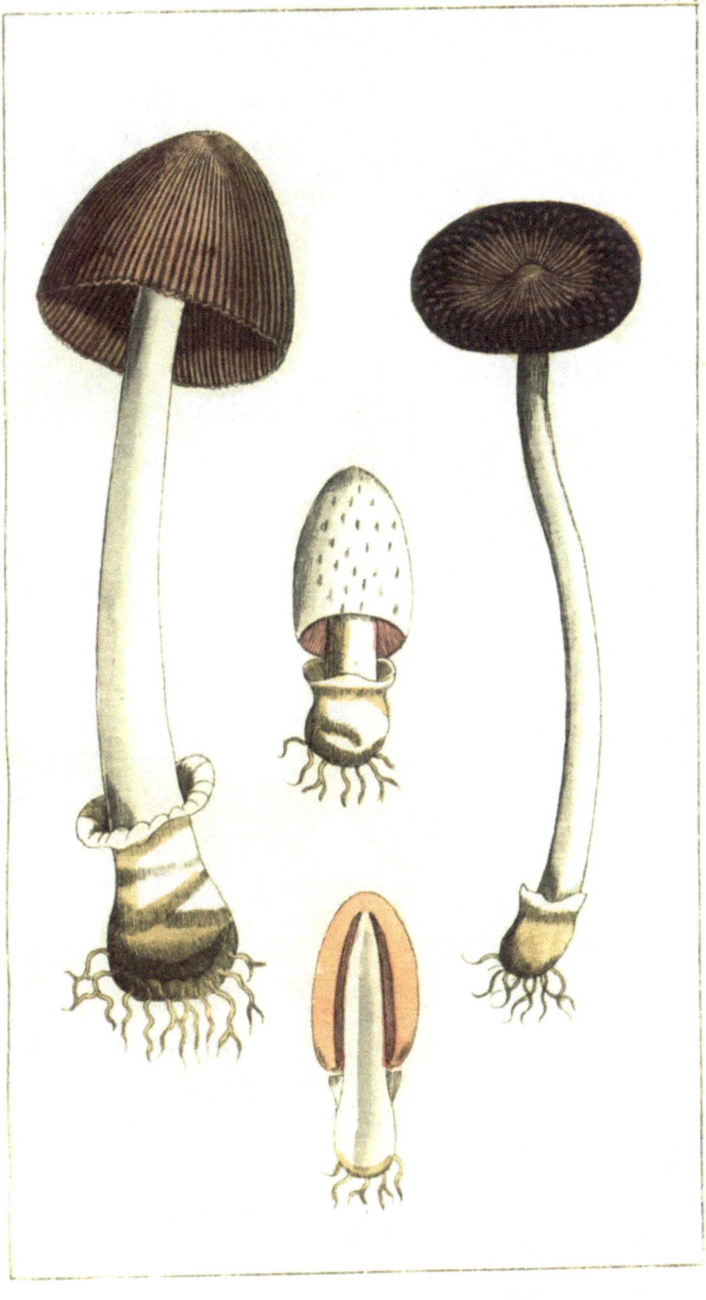

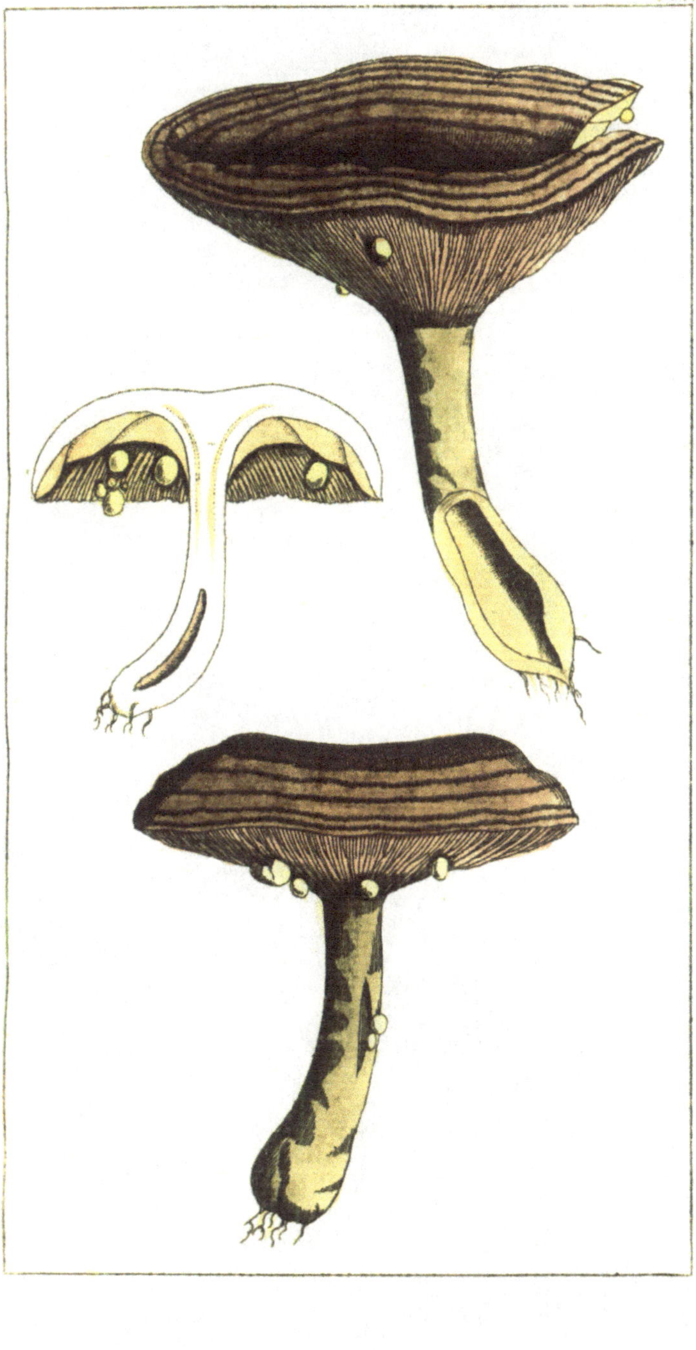

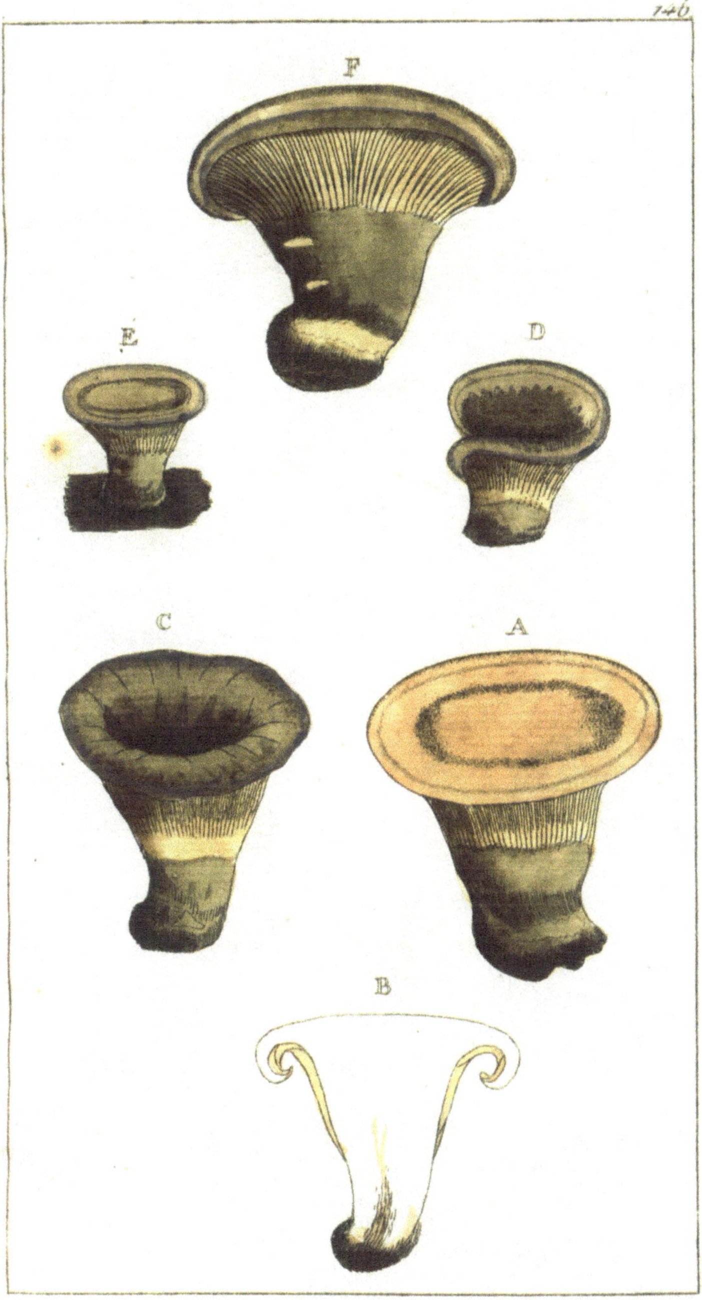
F
E
D
C
A
B

1.4

132.

156.

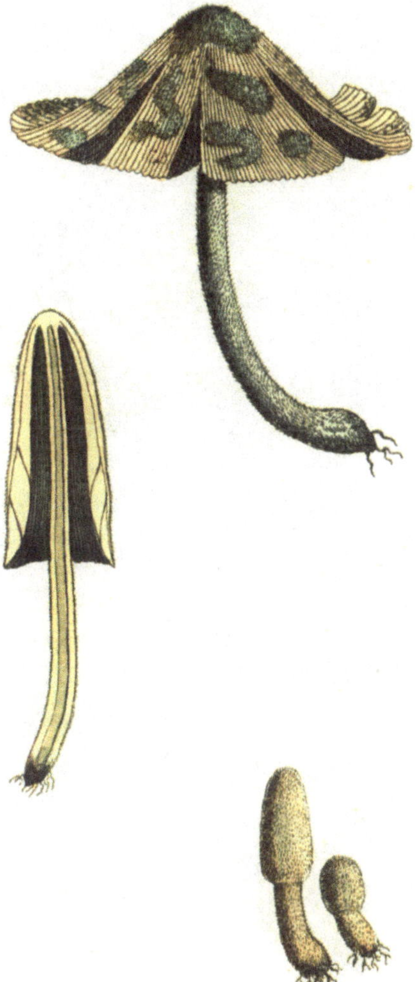

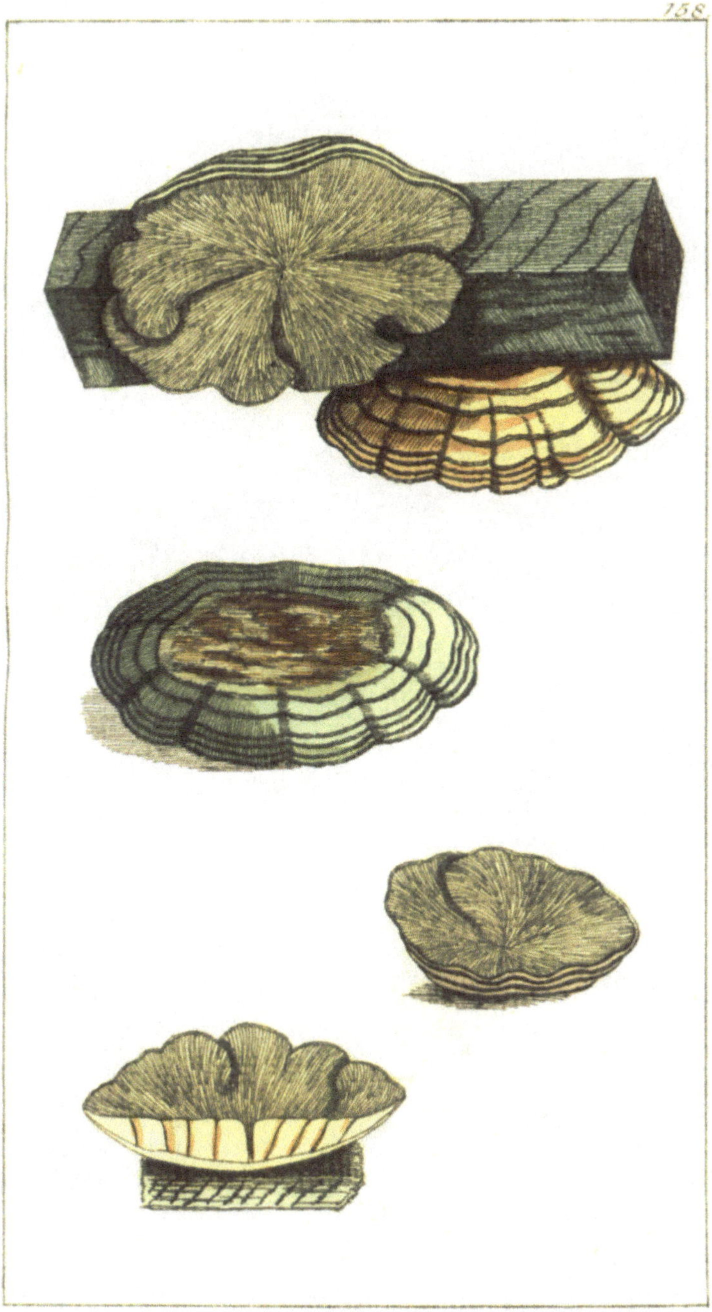

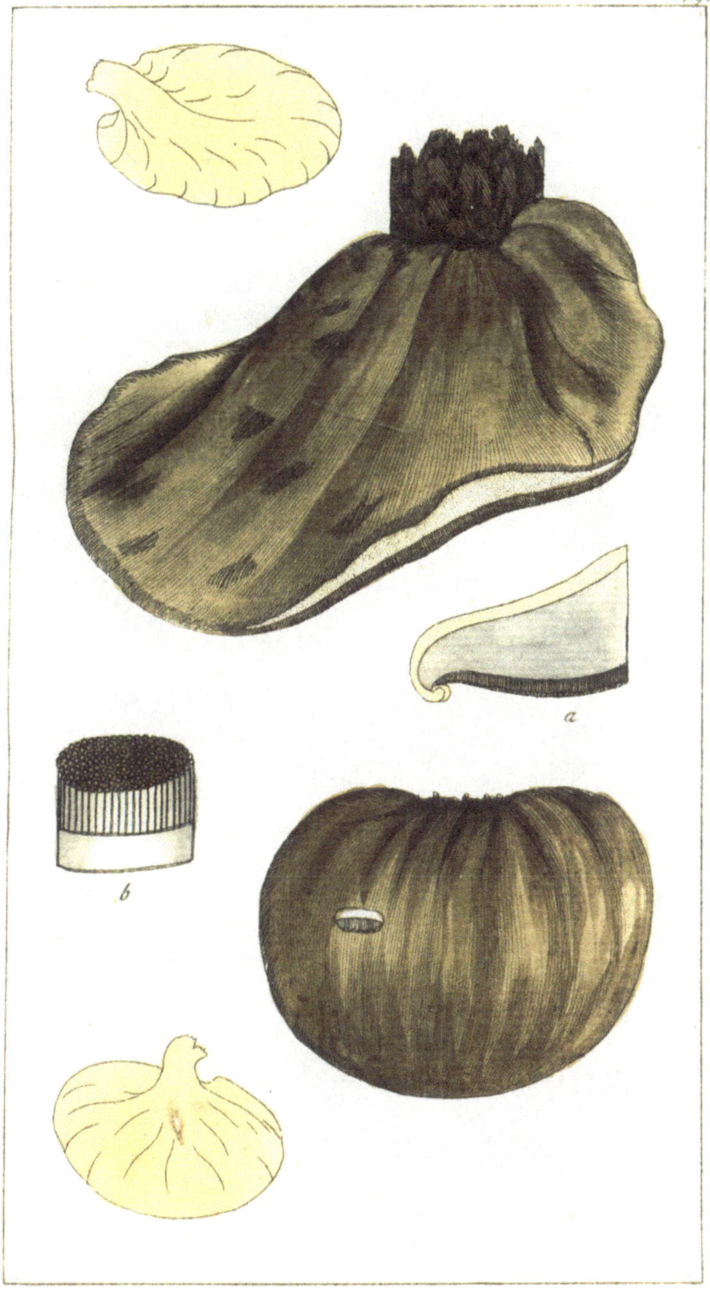
a
b

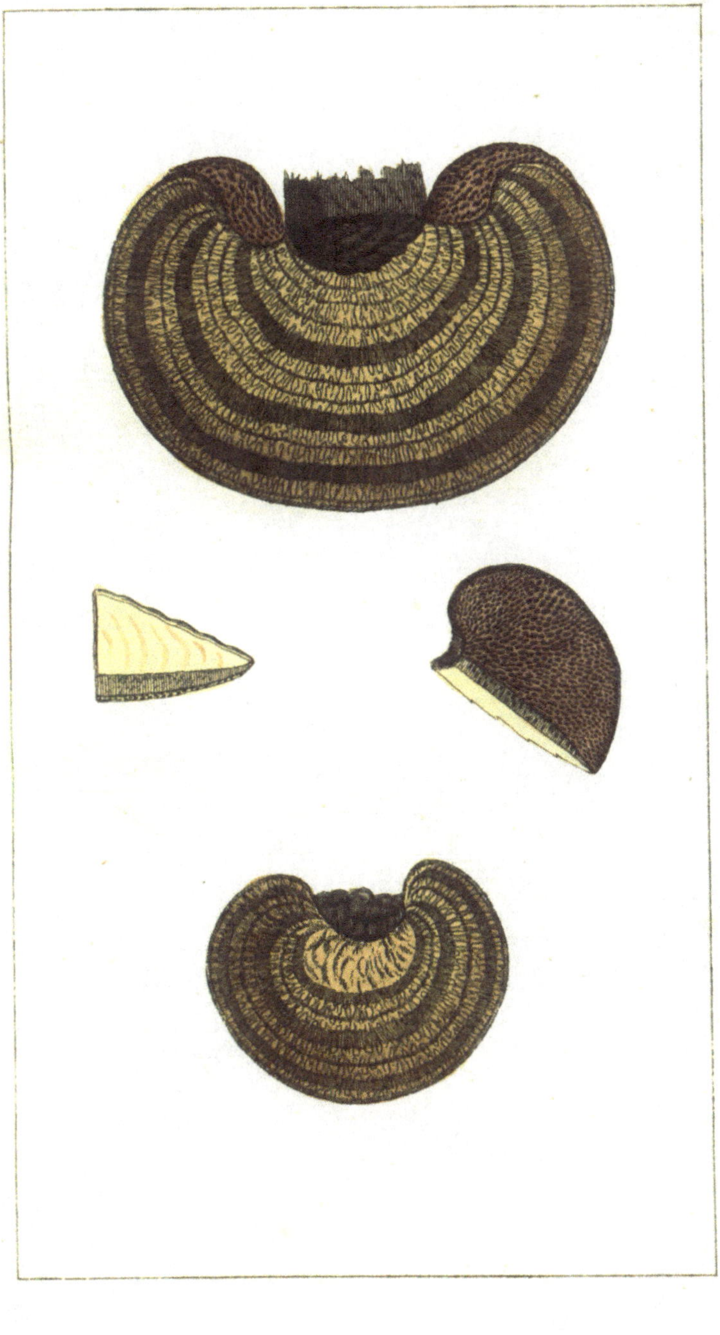

164

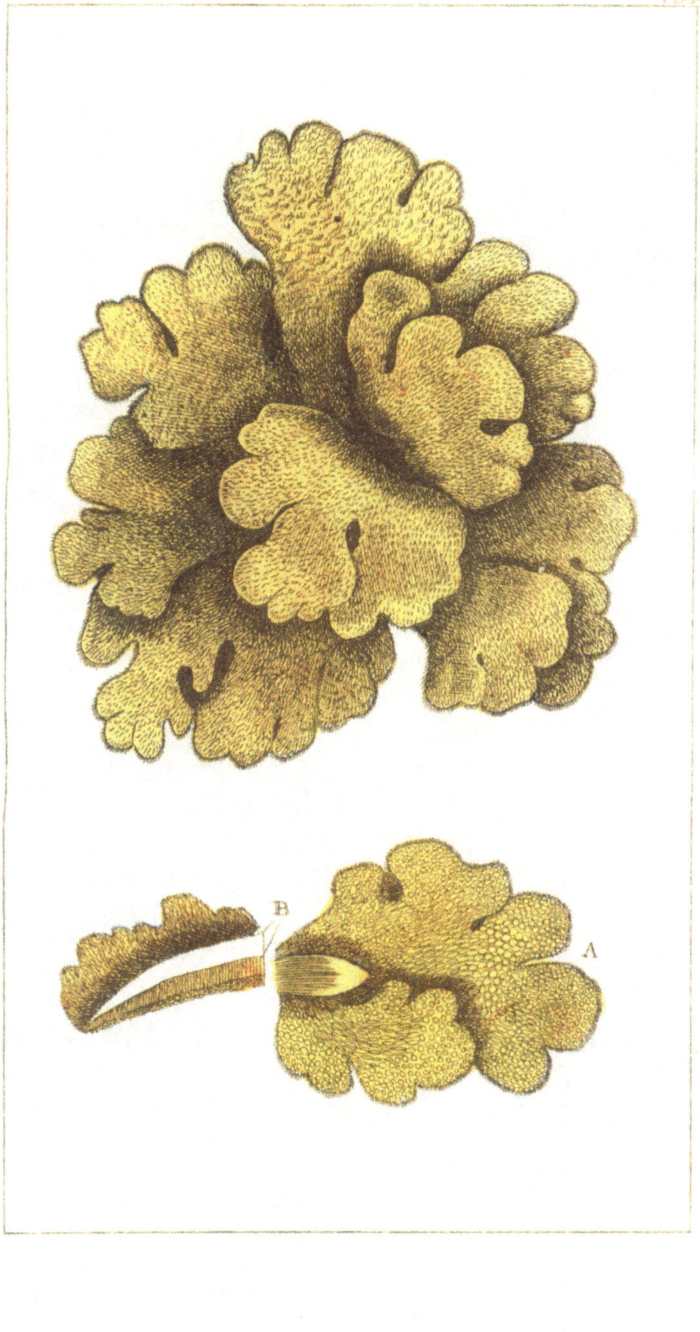

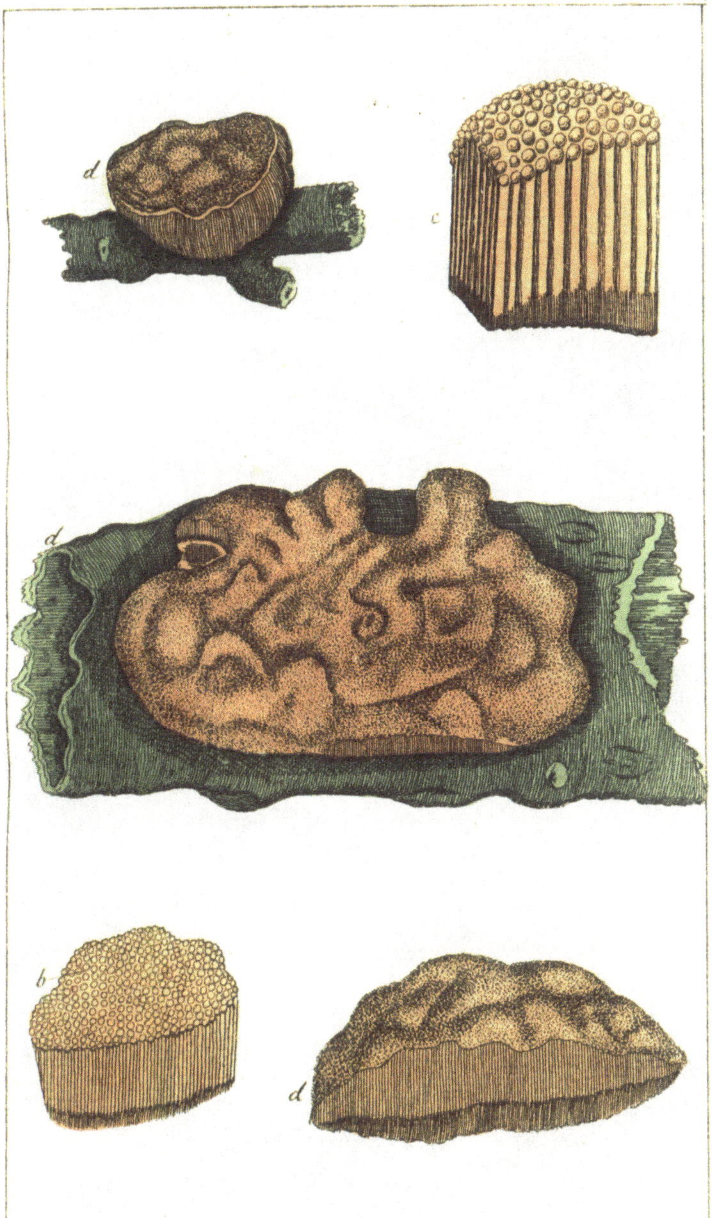
d
c
d
b
d

a
b
d
e
c

1

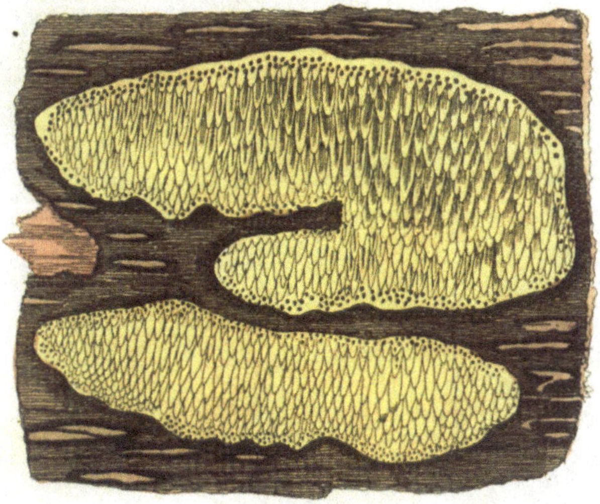

2.

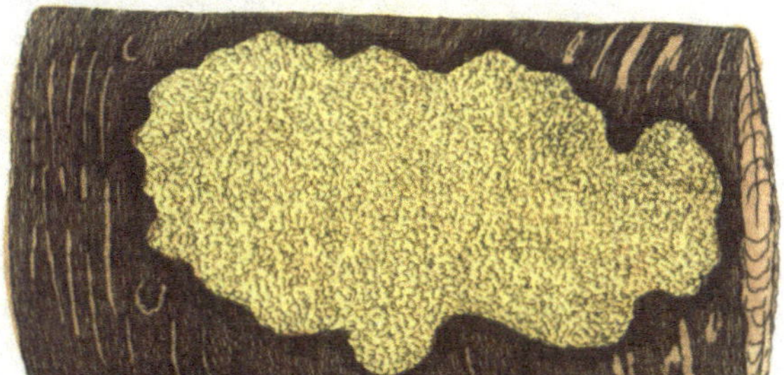

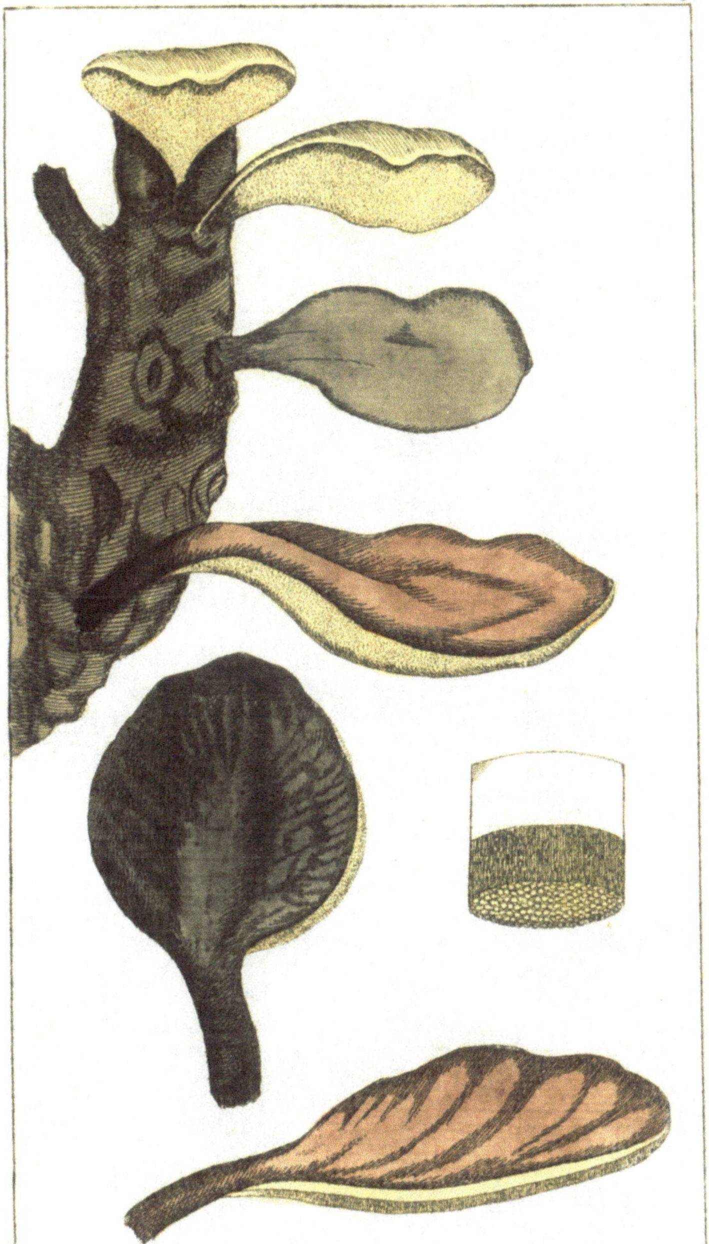

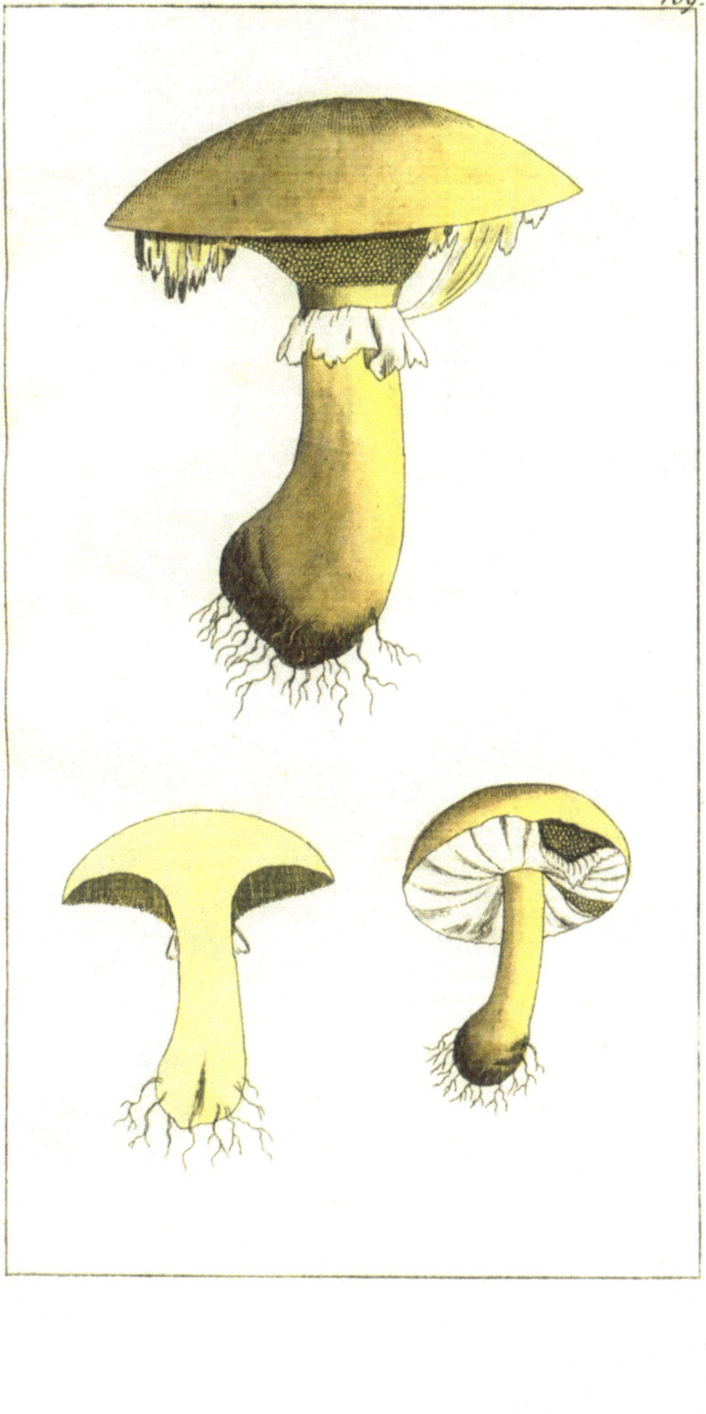

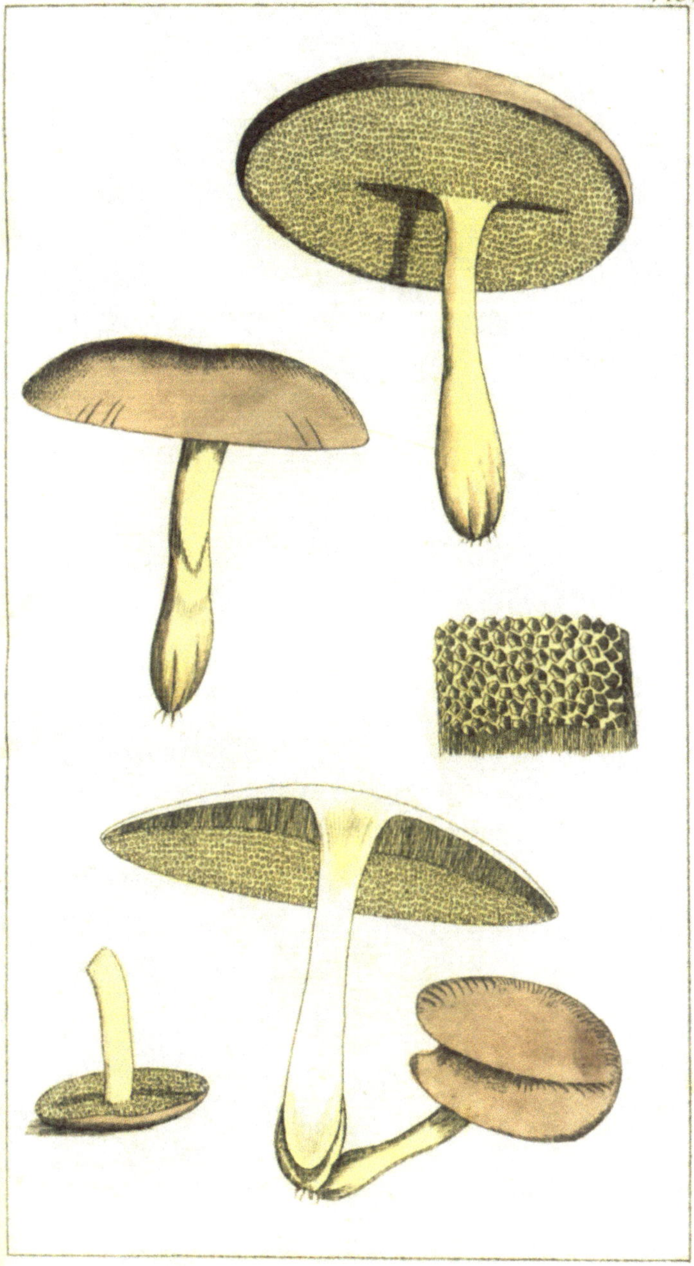

A
B

B
c
A

a
c
b

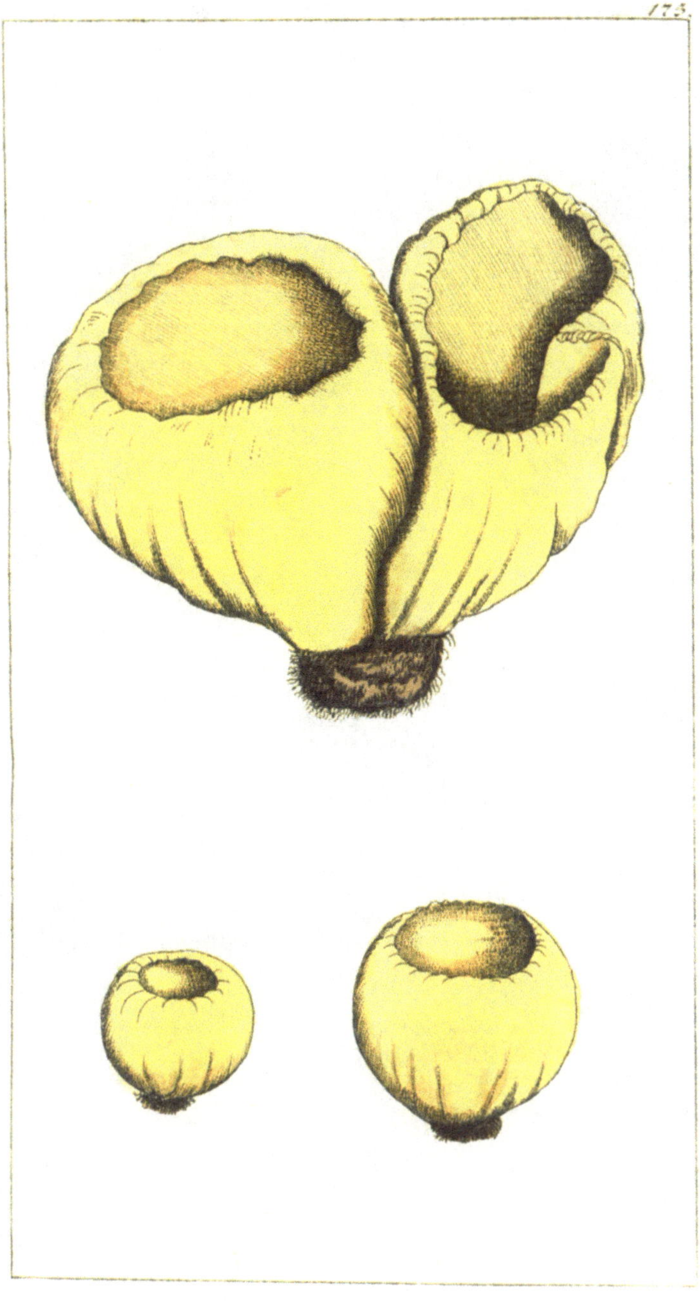

177.

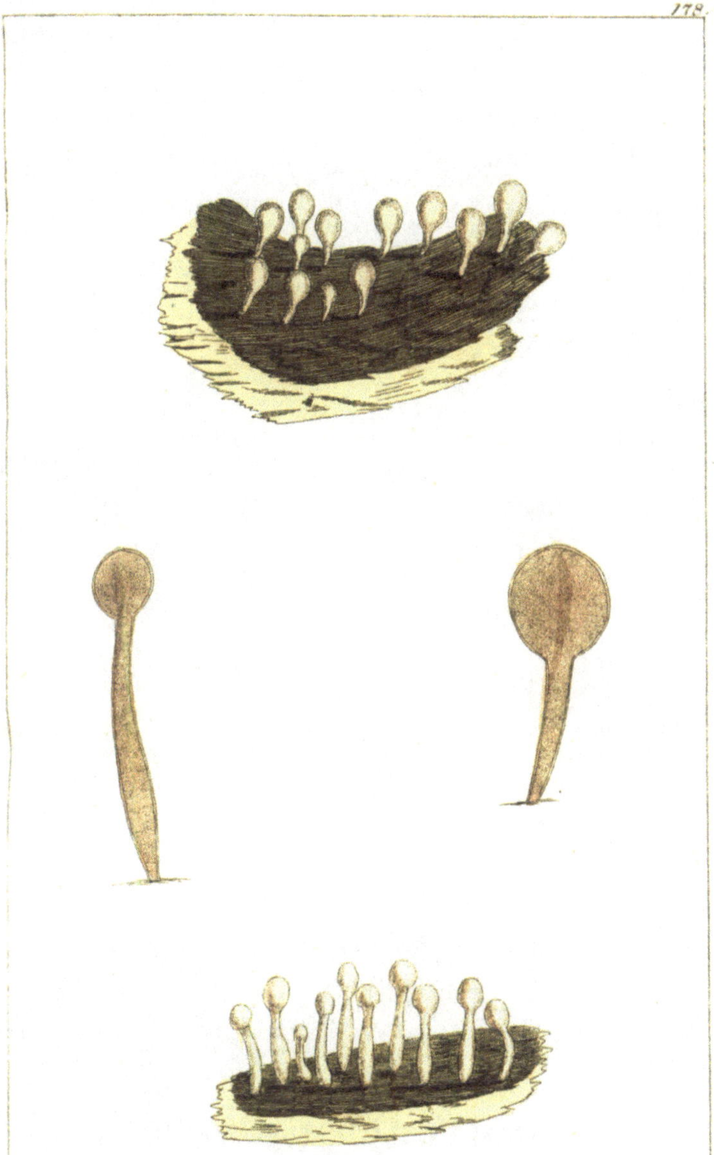

b
a
c
a

A
D
B
C

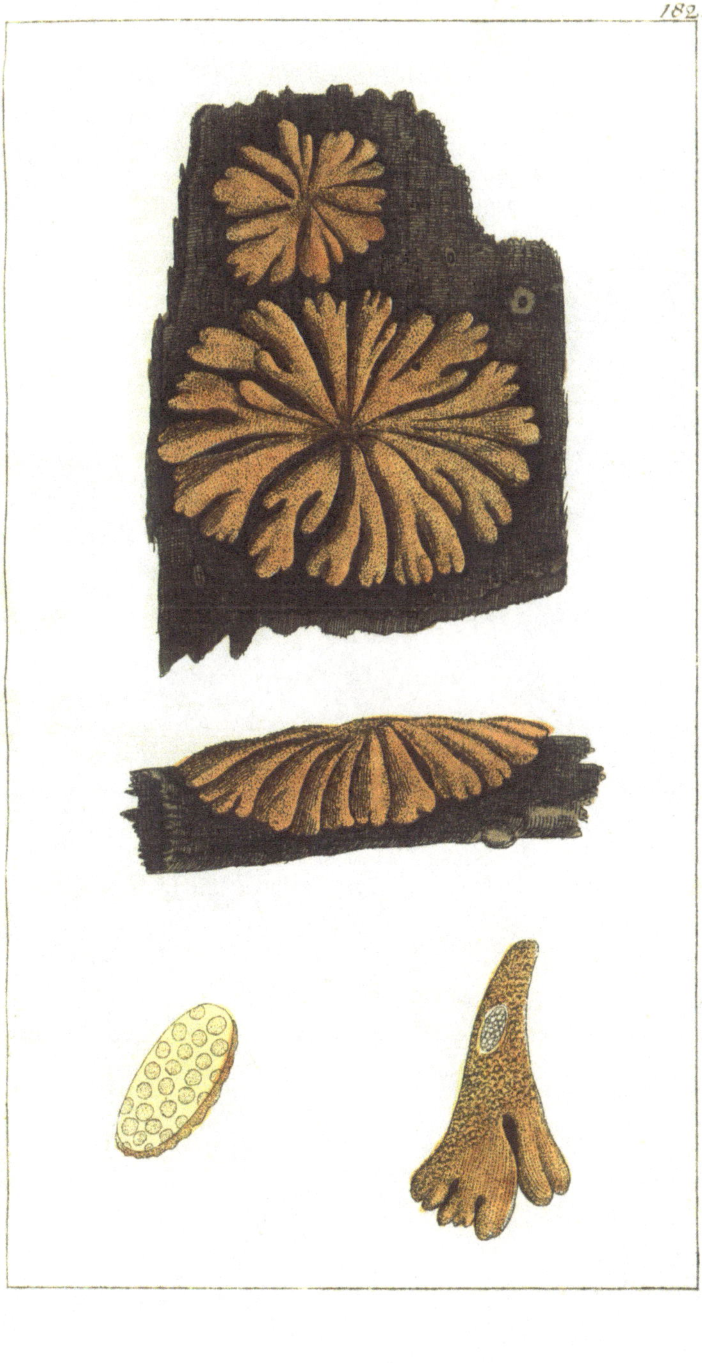